湘潭大学研究生精品教材
项目编号：YJSJC2022LG02

连续介质力学引论

Introduction of Continuum Mechanics

尹久仁　姜　勇　唐现琼　主编

湘潭大学出版社
XIANGTAN UNIVERSITY PRESS

图书在版编目（CIP）数据

连续介质力学引论 / 尹久仁，姜勇，唐现琼主编．湘潭：湘潭大学出版社，2024. 8. -- ISBN 978-7-5687-1468-6

Ⅰ. 033

中国国家版本馆 CIP 数据核字第 2024EL3904 号

连续介质力学引论

LIANXU JIEZHI LIXUE YINLUN

尹久仁 姜勇 唐现琼 主编

责任编辑：肖 萑
封面设计：李 平
出版发行：湘潭大学出版社
社 址：湖南省湘潭大学工程训练大楼
电 话：0731-58298960 0731-58298966（传真）
邮 编：411105
网 址：http://press.xtu.edu.cn/
印 刷：长沙印通印刷有限公司
经 销：湖南省新华书店
开 本：787 mm×1092 mm 1/16
印 张：7
字 数：160 千字
版 次：2024 年 8 月第 1 版
印 次：2024 年 8 月第 1 次印刷
书 号：ISBN 978-7-5687-1468-6
定 价：32.00 元

目　录

第 1 章　绪　论

1.1　连续介质力学的意义

连续介质力学研究物质的宏观力学性质. 所谓宏观力学性质，就是在三维 Euclid 空间和均匀流逝时间下受 Newton 力学支配的物质行为. 它包括机械部件的变形、风洞中的气流、水槽中的水流、海流、风、地球变形等. 微观尺度上出现的量子效应以及物体速度接近光速或者在巨大重力场下出现的相对论效应，都不包括在这一学科之内. 连续介质力学，对物质的构造不作任何假设.

物质由分子组成，分子由原子组成，原子由原子核与电子组成，而原子核又由基本粒子构成. 从支配基本粒子的根本物理定律出发，研究物质宏观行为的方法，叫做物质结构论. 除了极单纯体系的简单运动以外，这种方法是极为复杂的，这是必须使用统计力学中某种近似、简化和平均化的方法. 然而，这样一来，从根本定律出发的重大意义就会显著地减小.

连续介质力学和物质结构论，两者并不矛盾，而是互相补充的. 两者的目的和应用是不同的. 物质结构论研究特殊结构的物质行为. 连续介质力学则研究具有不同结构的许多物质的共同行为. 如 Hooke 定律既能适用于无定形塑料，也能适用多晶体金属材料. 连续介质力学中重要概念之一的应力，是一个对物质结构不敏感的量. 在诸如桥梁强度计算以及河流的水流分析中，都应使用连续介质力学. 谁也不会从物质结构论出发解决这些问题.

1.2　场论

在建立连续介质的基本定律时，有三种观点，这就是以质点力学、以弹簧、缓冲器和以场论为基础的观点.

把质点力学作为基础的观点，从 Newton 以后到二十世纪初期曾经广为流传. 后来，引入了连续介质力学的观点，这就是把有关质点运动的定律扩展到连续介质. 从逻辑上看，这种观点是含有矛盾的. 质点无论怎样连续也不是连续介质，连续介质无论怎样分割也不会成为质点. Euler，Cauchy 虽然把连续介质的运动定律公式化了，但他们并不是从质点力学推导出来的，而应该说是通过类推得出的.

Maxwell，Kelvin，Voigt 曾提出了弹簧、缓冲器模型作为描写弹性与黏性混合性质的方法. 弹簧表征力与变形成比例的线性弹性，缓冲器表征力与变形速度成比例的线性黏性. 弹簧与缓冲器是物质所固有的两种性质——弹性与黏性的表征，这样的结构要素在物质中并不存在. 然而，通过两者的串联结合和并联结合，确实能够表示出所谓黏弹性的性质.

为了表示复杂的黏弹性，就要构造这种模型的各种各样的组合，甚至要使用 Fourier 积分，考虑无限多个组合. 然而，即使组合结果能够说明复杂的黏弹性行为，那么，这也只是弹簧和缓冲器的组合结构机制的结果，而不是连续介质的结果.

这样，要建立连续介质力学，必须研究在三维连续介质上分布的变形与力的场.

基本的物理定律，都是通过某些重要的实验与观测而证实和确立的. 但是，对于服从经典力学的经典场，情况并非如此. 场本质上可以无限地分割. 但通过实验来确立这种场的基础，从原理上说是不可能的. 实验可以是出发点，但场理论的创造则要依靠思维. 应该如何进行实验，如何解释实验结果，并判断理论是否适合，这些都是理性的思维. 这样，基于场论基础上的连续介质力学的引入，不是通过实验，而是通过数学推理来实现的.

1.3 几何学与连续介质力学

在古埃及，由于尼罗河的泛滥，逐渐产生了测量土地的需要. 随着对土地测量经验的积累，发现了图形的某些性质. 这些就是今天用 Euclid 几何学能够证明的定理的内容. 虽然这样的许多片断知识的积累也是有用的，但不能产生出新的东西来.

这种土地测量技术传播到希腊以后，就形成了叫做几何学的数学. Euclid 首先要求承认点、线等概念. 然后把它们必须满足的内容假设为公理，此后只要运用数学逻辑，就可以证明出几何学的定理，而从土地测量所发现的各种事实，也就可由几何定理加以证明. 这样，成为数学的几何学，把仅有片断知识的累积所不能了解的深奥内容，也能够推导出来.

几何学处理的图形，是把自然界物体的形状加以抽象化、理想化的东西. 在自然界中并不存在没有大小、只有位置的点，也不存在没有宽度的线. 而且，Euclid 几何学所处理的严格的三角形也是不存在的. 从这一点看来，几何学是一种非现实的学问. 但是，两千多年来的经验表明，它是极为有用的. 几何学并非因为它是一般化与抽象化的结果，使它成为非现实的而不起作用，相反，正是因为这种原因，才使它成为有用的学科.

另一方面，有材料力学、流体力学、土力学等学科，它们分别处理固体材料的弹性性质、流体的流动性质、土的力学性质，而且大部分都只适用于线性范围. 从工程学基础依赖于这些学科的关系可知，由它们导出的结果，利用价值是很高的. 然而，说得夸张一点，如果停留在这些学科的体系内，就会如同停留在埃及的土地测量状态一样. 不是个别地考察物质，而是把物质作为连续介质统一考察，像从测量术向几何学飞跃那样，力学向数学飞跃的，就是连续介质力学.

这一新的学科起源于 1945 年 Reiner 对黏性流体的研究. 与此同时发展起来的学科有流变学，化学工作者为了分析固体塑料、高分子溶液等的行为，主要对流变学进行了研究. 不区别固体和流体，而是统一地进行考察，从这一点说，流变学与连续介质力学是相同的. 然而，两者又有本质的区别. 前者把阐明黏弹性和分析物质的非线性响应作为重点；而后者把建立连续介质的数学体系作为重点.

1.4　连续介质力学的体系

归纳整理物质的复杂现象，通过逻辑考察，建立其物质的数学模型，这就是连续介质力学的目的. 在几何学所假设的空间外，再引入时间概念，进而假定连续分布的物体和其所具有的质量以及作用在物体上的力. 物体在空间中的位置随时间的移动，则叫做运动. 这些预先假定的基本概念，就叫做连续介质力学的基元. 如果涉及热力学还必须假定温度、内能、热流、熵、焓等概念.

首先，一切连续介质必须满足的基本定律，是质量守恒定律、线动量守恒定律和角动量守恒定律、能量守恒定律、Clausius-Duhem 不等式. 这些在连续场的场合下，就成为场方程，在不连续场的情况下，它们就成为间断条件.

其次，也必须描述各种不同物质所特有的力学特性. 把由经验得到的特性作为出发点，以某些基本原理作指针，找出它们的数学表达式，这种表达式就叫做本构方程. 从物质行为中只取出力学行为，再从中提出我们所要研究的特性，加以抽象化，并用数学形式表示出来，就得出本构方程. 这是一个只强调了物质某一方面的理想化的公式，它表达的是理想物质，即物质的数学模型.

基元、基本定律、本构方程构成了连续介质力学的体系. 如果把本构方程与场方程或间断条件组成方程组，在初始条件和边界条件下求解，这样就得到连续介质的解答.

第 2 章　物体的构形与变形

2.1　两点张量场

2.1.1　定义

设在三维欧氏空间中有两个区域，例如一物体在变形前与变形后所占的区域 $\mathscr{R}$ 与 $\mathscr{r}$. 有时也称 $\mathscr{R}$ 与 $\mathscr{r}$ 为变形前与变形后的构形(configuration).

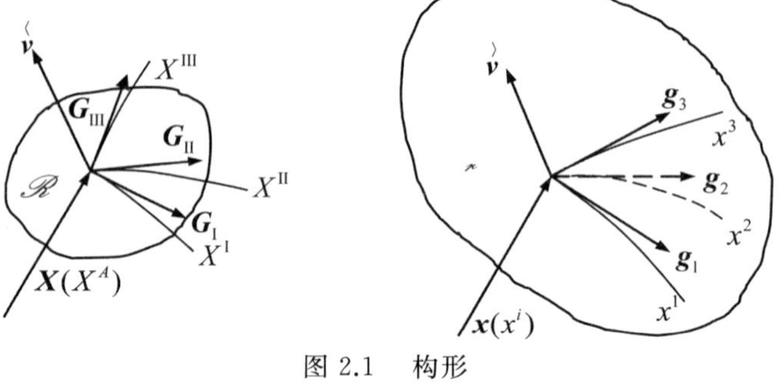

图 2.1　构形

用大写字母表示对应于构形 $\mathscr{R}$ 的量，例如坐标$\{X^K\}$，矢径 $\boldsymbol{X}(X^K)$，基矢量 $\boldsymbol{G}_A(X^K)$，$\boldsymbol{G}^B(X^K)$，度量张量 $G_{AB}(X^K)$，$G^{AB}(X^K)$ 等.

用小写字母表示对应于构形 $\mathscr{r}$ 的量，例如坐标$\{x^i\}$，矢径 $\boldsymbol{x}(x^i)$，基矢量 $\boldsymbol{g}_j(x^k)$，$\boldsymbol{g}^j(x^k)$，度量张量 $g_{ij}(x^k)$，$g^{ij}(x^k)$ 等.

张量的并矢式中含有属于不同构形中的矢量时，则称张量为两点张量. 例如

$$\begin{cases} \overset{\rangle\langle}{\boldsymbol{T}} = T_{iA}\boldsymbol{g}^i\boldsymbol{G}^A = T^{iA}\boldsymbol{g}_i\boldsymbol{G}_A = T^{i}_{\cdot A}\boldsymbol{g}_i\boldsymbol{G}^A = T_i^{\cdot A}\boldsymbol{g}^i\boldsymbol{G}_A, \\ \overset{\langle\rangle}{\boldsymbol{S}} = S_{Ai}\boldsymbol{G}^A\boldsymbol{g}^i = S^{Ai}\boldsymbol{G}_A\boldsymbol{g}_i = S^{A}_{\cdot i}\boldsymbol{G}_A\boldsymbol{g}^i = S_A^{\cdot i}\boldsymbol{G}^A\boldsymbol{g}_i, \end{cases} \tag{2.1.1}$$

式(2.1.1) 中分量 T_{iA}，…，S_{Ai} 都是坐标 X^K 与 x^k 的函数，基矢量 $\boldsymbol{G}_A$ 和 $\boldsymbol{G}^A$ 是坐标 X^K 的函数，$\boldsymbol{g}_i$ 和 $\boldsymbol{g}^i$ 是坐标 x^k 的函数. 分量之间满足指标升降关系

$$\begin{cases} T_{iA} = g_{ij} T^{j}_{\cdot A} = g_{ij} G_{AB} T^{jB} = \cdots \\ S_{Ai} = G_{AB} S^{B}_{\cdot i} = G_{AB} g_{ij} S^{Bj} = \cdots \end{cases} \tag{2.1.2}$$

当坐标转换($X^A \rightarrow X^{A'}$ 及 $x^i \rightarrow x^{i'}$) 时，分量服从张量的坐标转换关系，例如

$$\begin{aligned} \overset{\rangle\langle}{\boldsymbol{T}} &= T_{iA} \boldsymbol{g}^i \boldsymbol{G}^A = \cdots \\ &= T_{i'A} \boldsymbol{g}^{i'} \boldsymbol{G}^A = \cdots \end{aligned} \tag{2.1.3}$$

而

$$\begin{cases} T_{i'A'} = \beta^{j}_{i'} \beta^{B}_{A'} T_{jB}, \cdots \\ T_{i'A} = \beta^{j}_{i'} T_{jA}, \cdots \end{cases} \tag{2.1.4}$$

式(2.1.4) 中 $\beta^{j}_{i'}$ 等为转换系数. 在二阶张量 $\boldsymbol{T}$ 的上面，用记号"$\rangle\langle$"表示张量的"两点"性质，前(即左) 矢量属于构形 $\mathscr{r}$(用右半括弧"$\rangle$"表示)，而后(即右) 矢量属于构形 $\mathscr{R}$(用左半括弧"$\langle$"表示). 与此类似，在二阶张量 $\boldsymbol{S}$ 上面，用记号"$\langle\rangle$"表示其两点性质. 与两点张量相对照，凡并矢的矢量在同一构形中的张量，可称为一点张量. 两点张量与一点张量都可简称为张量.

高阶的两点张量，为简单起见，一律在它上面用记号"$\langle\cdot\rangle$"表示其两点性. 例如

$$\overset{\langle\cdot\rangle}{\boldsymbol{\varphi}} = \varphi^{AB\cdot\cdot ij}_{\cdot\cdot CD\cdot\cdot kl} \boldsymbol{G}_A \boldsymbol{G}_B \boldsymbol{G}^C \boldsymbol{G}^D \boldsymbol{g}_i \boldsymbol{g}_j \boldsymbol{g}^k \boldsymbol{g}^l, \tag{2.1.5}$$

式(2.1.5) 中分量是坐标 X^K 与 x^k 的函数.

在构形 $\mathscr{R}$ 与 $\mathscr{r}$ 中的矢径微分分别为

$$\mathrm{d}\boldsymbol{X} = \boldsymbol{G}_A \mathrm{d}X^A, \quad \mathrm{d}\boldsymbol{x} = \boldsymbol{g}_i \mathrm{d}x^i, \tag{2.1.6}$$

定义偏梯度为

$$\overset{\langle}{\nabla} \overset{\langle\cdot\rangle}{\boldsymbol{\varphi}} = \boldsymbol{G}^M \frac{\partial \overset{\langle\cdot\rangle}{\boldsymbol{\varphi}}}{\partial X^M}\bigg|_{X^{K\neq M}, x^r}, \quad \overset{\langle\cdot\rangle}{\boldsymbol{\varphi}} \overset{\langle}{\nabla} = \frac{\partial \overset{\langle\cdot\rangle}{\boldsymbol{\varphi}}}{\partial X^M}\bigg|_{X^{K\neq M}, x^r} \boldsymbol{G}^M, \tag{2.1.7}$$

$$\overset{\rangle}{\nabla} \overset{\langle\cdot\rangle}{\boldsymbol{\varphi}} = \boldsymbol{g}^m \frac{\partial \overset{\langle\cdot\rangle}{\boldsymbol{\varphi}}}{\partial x^m}\bigg|_{X^K, x^{r\neq m}}, \quad \overset{\langle\cdot\rangle}{\boldsymbol{\varphi}} \overset{\rangle}{\nabla} = \frac{\partial \overset{\langle\cdot\rangle}{\boldsymbol{\varphi}}}{\partial x^m}\bigg|_{X^K, x^{r\neq m}} \boldsymbol{g}^m. \tag{2.1.8}$$

式(2.1.7) 中偏导数后面的记号"$X^{K\neq M}$，x^r"表示在求导时只变化 X^M，而其他的 $X^K(K \neq M)$ 和一切的 x^r 都保持不变，同样式(2.1.8) 中偏导数后面的记号"X^K，$x^{r\neq m}$"表示一切的 X^K 和除 x^m 以外的其他 x^r 都保持不变. 以后对坐标的偏导数都按此意义理解. 在本节(2.1 节) 中假定 X^A 与 x^i 是两组互相独立的自变量(坐标)，暂不考虑它们之间的联系，等到下节(2.2 节) 中再去考虑. 由式(2.1.7) 和式(2.1.8) 可得 $\overset{\langle\cdot\rangle}{\boldsymbol{\varphi}}$ 的微分：

$$\mathrm{d}\overset{\langle\cdot\rangle}{\boldsymbol{\varphi}} = \mathrm{d}\boldsymbol{X} \cdot \overset{\langle}{\nabla} \overset{\langle\cdot\rangle}{\boldsymbol{\varphi}} + \mathrm{d}\boldsymbol{x} \cdot \overset{\rangle}{\nabla} \overset{\langle\cdot\rangle}{\boldsymbol{\varphi}} = (\overset{\langle\cdot\rangle}{\boldsymbol{\varphi}} \overset{\langle}{\nabla}) \cdot \mathrm{d}\boldsymbol{X} + (\overset{\langle\cdot\rangle}{\boldsymbol{\varphi}} \overset{\rangle}{\nabla}) \cdot \mathrm{d}\boldsymbol{x}. \tag{2.1.9}$$

偏梯度按基矢量的分解式为

$$\begin{cases}\overset{\langle}{\nabla}\overset{\langle\cdot\rangle}{\boldsymbol{\varphi}}=\nabla_M\varphi^{AB\cdot\cdot ij}_{\cdot\cdot CD\cdot\cdot kl}\boldsymbol{G}^M\boldsymbol{G}_A\boldsymbol{G}_B\boldsymbol{G}^C\boldsymbol{G}^D\boldsymbol{g}_i\boldsymbol{g}_j\boldsymbol{g}^k\boldsymbol{g}^l,\\ \overset{\langle\cdot\rangle}{\boldsymbol{\varphi}}\overset{\langle}{\nabla}=\varphi^{AB\cdot\cdot ij}_{\cdot\cdot CD\cdot\cdot kl;M}\boldsymbol{G}_A\boldsymbol{G}_B\boldsymbol{G}^C\boldsymbol{G}^D\boldsymbol{g}_i\boldsymbol{g}_j\boldsymbol{g}^k\boldsymbol{g}^l\boldsymbol{G}^M,\end{cases}\tag{2.1.10}$$

式(2.1.10)中右端的分量称为 $\overset{\langle\cdot\rangle}{\boldsymbol{\varphi}}$ 的分量对于 X^M 的偏协变导数.

$$\begin{aligned}\nabla_M\varphi^{AB\cdot\cdot ij}_{\cdot\cdot CD\cdot\cdot kl}&=\varphi^{AB\cdot\cdot ij}_{\cdot\cdot CD\cdot\cdot kl;M}\\&=\frac{\partial}{\partial X^M}\varphi^{AB\cdot\cdot ij}_{\cdot\cdot CD\cdot\cdot kl}+\varphi^{NB\cdot\cdot ij}_{\cdot\cdot CD\cdot\cdot kl}\Gamma^A_{MN}+\varphi^{AN\cdot\cdot ij}_{\cdot\cdot CD\cdot\cdot kl}\Gamma^B_{MN}-\varphi^{AB\cdot\cdot ij}_{\cdot\cdot ND\cdot\cdot kl}\Gamma^N_{MC}-\varphi^{AB\cdot\cdot ij}_{\cdot\cdot CN\cdot\cdot kl}\Gamma^N_{MD}.\end{aligned}\tag{2.1.11}$$

以及

$$\begin{cases}\overset{\rangle}{\nabla}\overset{\langle\cdot\rangle}{\boldsymbol{\varphi}}=\nabla_m\varphi^{AB\cdot\cdot ij}_{\cdot\cdot CD\cdot\cdot kl}\boldsymbol{g}^m\boldsymbol{G}_A\boldsymbol{G}_B\boldsymbol{G}^C\boldsymbol{G}^D\boldsymbol{g}_i\boldsymbol{g}_j\boldsymbol{g}^k\boldsymbol{g}^l,\\ \overset{\langle\cdot\rangle}{\boldsymbol{\varphi}}\overset{\rangle}{\nabla}=\varphi^{AB\cdot\cdot ij}_{\cdot\cdot CD\cdot\cdot kl;m}\boldsymbol{G}_A\boldsymbol{G}_B\boldsymbol{G}^C\boldsymbol{G}^D\boldsymbol{g}_i\boldsymbol{g}_j\boldsymbol{g}^k\boldsymbol{g}^l\boldsymbol{g}^m,\end{cases}\tag{2.1.12}$$

式(2.1.12)中右端的分量称为 $\overset{\langle\cdot\rangle}{\boldsymbol{\varphi}}$ 的分量对于 x^m 的偏协变导数.

$$\begin{aligned}\nabla_m\varphi^{AB\cdot\cdot ij}_{\cdot\cdot CD\cdot\cdot kl}&=\varphi^{AB\cdot\cdot ij}_{\cdot\cdot CD\cdot\cdot kl;m}\\&=\frac{\partial}{\partial x^m}\varphi^{AB\cdot\cdot ij}_{\cdot\cdot CD\cdot\cdot kl}+\varphi^{AB\cdot\cdot sj}_{\cdot\cdot CD\cdot\cdot kl}\Gamma^i_{ms}+\varphi^{AB\cdot\cdot is}_{\cdot\cdot CD\cdot\cdot kl}\Gamma^j_{ms}-\varphi^{AB\cdot\cdot ij}_{\cdot\cdot CD\cdot\cdot sl}\Gamma^s_{mk}-\varphi^{AB\cdot\cdot ij}_{\cdot\cdot CD\cdot\cdot ks}\Gamma^s_{ml}.\end{aligned}\tag{2.1.13}$$

用记号“∂”或“,”表示偏导数：

$$\begin{cases}\partial_M(\quad)=(\quad)_{,M}=\dfrac{\partial}{\partial X^M}(\quad)\Big|_{X^{K\neq M},x^r},\\ \partial_m(\quad)=(\quad)_{,m}=\dfrac{\partial}{\partial x^m}(\quad)\Big|_{X^K,x^{r\neq m}}.\end{cases}\tag{2.1.14}$$

在构形 $\mathscr{R}$ 中的度量张量为

$$\overset{\langle\langle}{\boldsymbol{I}}=G_{KL}\boldsymbol{G}^K\boldsymbol{G}^L=G^{KL}\boldsymbol{G}_K\boldsymbol{G}_L=\delta^L_K\boldsymbol{G}^K\boldsymbol{G}_L=\delta^K_L\boldsymbol{G}_K\boldsymbol{G}^L=\boldsymbol{G}^K\boldsymbol{G}_K=\boldsymbol{G}_K\boldsymbol{G}^K,\tag{2.1.15}$$

式(2.1.15)中 I 上面的记号“$\langle\langle$”表示前、后矢量都在构形 $\mathscr{R}$ 中，故 $\overset{\langle\langle}{\boldsymbol{I}}$ 为 $\mathscr{R}$ 中的张量. 在构形 κ 中的度量张量为

$$\overset{\rangle\rangle}{\boldsymbol{I}}=g_{kl}\boldsymbol{g}^k\boldsymbol{g}^l=g^{kl}\boldsymbol{g}_k\boldsymbol{g}_l=\delta^l_k\boldsymbol{g}^k\boldsymbol{g}_l=\delta^k_l\boldsymbol{g}_k\boldsymbol{g}^l=\boldsymbol{g}^k\boldsymbol{g}_k=\boldsymbol{g}_k\boldsymbol{g}^k,\tag{2.1.16}$$

式(2.1.16)中 $\boldsymbol{I}$ 上面的记号“$\rangle\rangle$”表示 $\overset{\rangle\rangle}{\boldsymbol{I}}$ 为 κ 中的张量.

2.1.2 矢量的平移、转移张量

设在构形 $\mathscr{R}$ 的 X^K 点处有一矢量 $\overset{\langle}{\boldsymbol{v}}$，在构形 κ 的 x^k 点处有一矢量 $\overset{\rangle}{\boldsymbol{v}}$. 此两矢量 $\overset{\langle}{\boldsymbol{v}}$ 与 $\overset{\rangle}{\boldsymbol{v}}$ 的

大小相等，方向平行，即一者为另一者经过平移的结果(图 2.1). 它们沿各自的基矢量分解式为

$$\overset{\langle}{\boldsymbol{v}}=v^K\boldsymbol{G}_K=v_K\boldsymbol{G}^K,\quad \overset{\rangle}{\boldsymbol{v}}=v^k\boldsymbol{g}_k=v_k\boldsymbol{g}^k. \tag{2.1.17}$$

为了要研究 v^K、v_K 与 v^k、v_k 间的关系，首先要研究基矢量 $\boldsymbol{G}_K$、$\boldsymbol{G}^K$ 与 $\boldsymbol{g}_k$、$\boldsymbol{g}^k$ 的关系. 设构形 $\varkappa$ 中的基矢量通过构形 $\mathscr{R}$ 中基矢量的表达式为

$$\boldsymbol{g}_k=g_k^K\boldsymbol{G}_K=g_{kK}\boldsymbol{G}^K,\quad \boldsymbol{g}^k=g^{kK}\boldsymbol{G}_K=g_K^k\boldsymbol{G}^K, \tag{2.1.18}$$

式(2.1.18) 中的四组系数 g_k^K，g_{kK}，g^{kK}，g_K^k 之间满足指标升降关系. 而构形 $\mathscr{R}$ 中的基矢量通过构形 $\varkappa$ 中的基矢量表达式则为

$$\boldsymbol{G}_K=g_K^k\boldsymbol{g}_k=g_{Kk}\boldsymbol{g}^k,\quad \boldsymbol{G}^K=g^{Kk}\boldsymbol{g}_k=g_k^K\boldsymbol{g}^k, \tag{2.1.19}$$

式(2.1.19) 中的四组系数 g_K^k，g_{Kk}，g^{Kk}，g_k^K 之间也满足指标升降关系.

式(2.1.18) 与式(2.1.19) 中的系数 g_{kK}，g^{kK}，g_k^K，g_K^k，g_{Kk}，g^{Kk}，$g_k^K g_K^k$，均称为转移系数. 显然，

$$\begin{cases} g_{kK}=\boldsymbol{g}_k\cdot\boldsymbol{G}_K=\boldsymbol{G}_K\cdot\boldsymbol{g}_k=g_{Kk}, \\ g^{kK}=\boldsymbol{g}^k\cdot\boldsymbol{G}^K=\boldsymbol{G}^K\cdot\boldsymbol{g}^k=g^{Kk}, \\ g_k^{\cdot K}=\boldsymbol{g}_k\cdot\boldsymbol{G}^K=\boldsymbol{G}^K\cdot\boldsymbol{g}_k=g^K_{\cdot k}=g_k^K, \\ g^k_{\cdot K}=\boldsymbol{g}^k\cdot\boldsymbol{G}_K=\boldsymbol{G}_K\cdot\boldsymbol{g}^k=g_K^{\cdot k}=g_K^k. \end{cases} \tag{2.1.20}$$

因此,转移系数对于其两个指标是对称的，指标的前后顺序可以对换.

可以证明$\|g_k^K\|$与$\|g_L^l\|$互为逆矩阵，即

$$g_k^K g_L^k=\delta_L^K,\quad g_K^k g_l^K=\delta_l^k. \tag{2.1.21}$$

证明过程如下：将式(2.1.20) 代入以下等式

$$\boldsymbol{G}^K\cdot\boldsymbol{G}_L=\delta_L^K,$$

得

$$g_k^K\boldsymbol{g}^k\cdot g_L^j\boldsymbol{g}_j=\delta_L^K,$$

故

$$g_k^K g_L^k=\delta_L^K,$$

即(2.1.21) 之第一式. 同理，将式(2.1.18) 代入等式

$$\boldsymbol{g}^k\cdot\boldsymbol{g}^l=\delta_l^k,$$

可得(2.1.21) 之第二式.

两个互逆矩阵的行列式互为倒数，故

$$|g_k^K|\,|g_L^l|=1. \tag{2.1.22}$$

其实，上式中两个行列式的值可以通过$\sqrt{g}$ 与$\sqrt{G}$ 的比值表示，这里 G 与 g 各表示构形 $\mathscr{R}$

与构形 $\mathscr{r}$ 的度量张量 G_{kl} 与 g_{kl} 的行列式. 设坐标系恒取为右手系，则

$$\begin{aligned}\sqrt{g}&=[\boldsymbol{g}_1,\ \boldsymbol{g}_2,\ \boldsymbol{g}_3]=[g_1^K\boldsymbol{G}_K,\ g_2^L\boldsymbol{G}_L,\ g_3^M\boldsymbol{G}_M]\\&=g_1^Kg_2^Lg_3^M[\boldsymbol{G}_K,\ \boldsymbol{G}_L,\ \boldsymbol{G}_M]=g_1^Kg_2^Lg_3^M\sqrt{G}\epsilon_{KLM}=\sqrt{G}\,|g_k^K|,\end{aligned}$$

故

$$|g_k^K|=\sqrt{\frac{g}{G}},\tag{2.1.23}$$

同理可证

$$|g_K^k|=\sqrt{\frac{G}{g}}.\tag{2.1.24}$$

将度量张量(2.1.16) 中的后矢量从构形 $\mathscr{r}$ 中平移至构形 $\mathscr{R}$ 中，得到

$$\overset{\rangle\langle}{\boldsymbol{I}}=\boldsymbol{g}^k(g_k^K\boldsymbol{G}_K)=\boldsymbol{g}^k(g_{kK}\boldsymbol{G}^K)=\boldsymbol{g}_k(g^{kK}\boldsymbol{G}_K)=\boldsymbol{g}_k(g_K^k\boldsymbol{G}^K),$$

由此

$$\overset{\rangle\langle}{\boldsymbol{I}}=g_{kK}\boldsymbol{g}^k\boldsymbol{G}^K=g^{kK}\boldsymbol{g}_k\boldsymbol{G}_K=g_K^k\boldsymbol{g}_k\boldsymbol{G}^K=g_k^K\boldsymbol{g}^k\boldsymbol{G}_K.\tag{2.1.25}$$

若将度量张量(2.1.15) 中的前矢量从构形 $\mathscr{R}$ 中平移至构形 $\mathscr{r}$ 中，也同样得到式(2.1.25). 同理，式(2.1.15) 经过后矢量的平移或式(2.1.16) 经过前矢量的平移，可得到

$$\overset{\langle\rangle}{\boldsymbol{I}}=g_{Kk}\boldsymbol{G}^K\boldsymbol{g}^k=g^{Kk}\boldsymbol{G}_K\boldsymbol{g}_k=g_k^K\boldsymbol{G}_K\boldsymbol{g}^k=g_K^k\boldsymbol{G}^K\boldsymbol{g}_k,\tag{2.1.26}$$

$\overset{\rangle\langle}{\boldsymbol{I}}$ 与 $\overset{\langle\rangle}{\boldsymbol{I}}$ 称为转移张量，它们是度量张量经过前矢量或后矢量平移的结果，均为两点张量，转移张量的分量就是转移系数.

度量张量与任何矢量进行点积的结果就是该矢量自身，即在构形 $\mathscr{R}$ 与 $\mathscr{r}$ 中各有

$$\overset{\langle\langle}{\boldsymbol{I}}\cdot\overset{\langle}{\boldsymbol{v}}=\overset{\langle}{\boldsymbol{v}}\cdot\overset{\langle\langle}{\boldsymbol{I}}=\overset{\langle}{\boldsymbol{v}},\quad \overset{\rangle\rangle}{\boldsymbol{I}}\cdot\overset{\rangle}{\boldsymbol{v}}=\overset{\rangle}{\boldsymbol{v}}\cdot\overset{\rangle\rangle}{\boldsymbol{I}}=\overset{\rangle}{\boldsymbol{v}}.\tag{2.1.27}$$

现在我们来看转移张量与矢量进行点积的结果. 为此，先看转移张量与基矢量的点积. 由式(2.1.26) 与式(2.1.27) 可得

$$\begin{cases}\overset{\langle\rangle}{\boldsymbol{I}}\cdot\boldsymbol{g}_k=\boldsymbol{g}_k\cdot\overset{\rangle\langle}{\boldsymbol{I}}=g_k^K\boldsymbol{G}_K=g_{kK}\boldsymbol{G}^K,\\ \overset{\langle\rangle}{\boldsymbol{I}}\cdot\boldsymbol{g}^k=\boldsymbol{g}^k\cdot\overset{\rangle\langle}{\boldsymbol{I}}=g_K^k\boldsymbol{G}^K=g^{kK}\boldsymbol{G}_K,\end{cases}\tag{2.1.28}$$

及

$$\begin{cases}\overset{\rangle\langle}{\boldsymbol{I}}\cdot\boldsymbol{G}_K=\boldsymbol{G}_K\cdot\overset{\langle\rangle}{\boldsymbol{I}}=g_K^k\boldsymbol{g}_k=g_{kK}\boldsymbol{g}^k,\\ \overset{\rangle\langle}{\boldsymbol{I}}\cdot\boldsymbol{G}^K=\boldsymbol{G}^K\cdot\overset{\langle\rangle}{\boldsymbol{I}}=g_k^K\boldsymbol{g}^k=g^{kK}\boldsymbol{g}_k,\end{cases}\tag{2.1.29}$$

由式(2.1.18)，$\overset{\langle\rangle}{\boldsymbol{I}}\cdot$ 或 $\cdot\overset{\rangle\langle}{\boldsymbol{I}}$ 运算的结果，相当于把构形 $\varkappa$ 中的基矢量平移到构形 $\mathscr{R}$ 中来，而由式(2.1.19)，$\overset{\rangle\langle}{\boldsymbol{I}}\cdot$ 或 $\cdot\overset{\langle\rangle}{\boldsymbol{I}}$ 的运算结果，相当于把构形 $\mathscr{R}$ 中的基矢量平移到构形 $\varkappa$ 中来. 因此，对于任意的矢量 $\boldsymbol{v}$，我们也有

$$\overset{\langle\rangle}{\boldsymbol{I}}\cdot\overset{\rangle}{\boldsymbol{v}}=\overset{\rangle}{\boldsymbol{v}}\cdot\overset{\rangle\langle}{\boldsymbol{I}}=\overset{\langle}{\boldsymbol{v}}\quad(\varkappa\rightarrow\mathscr{R}),\tag{2.1.30}$$

这表示把矢量 $\boldsymbol{v}$ 从构形 $\varkappa$ 中平移到构形 $\mathscr{R}$ 中，而

$$\overset{\rangle\langle}{\boldsymbol{I}}\cdot\overset{\langle}{\boldsymbol{v}}=\overset{\langle}{\boldsymbol{v}}\cdot\overset{\langle\rangle}{\boldsymbol{I}}=\overset{\rangle}{\boldsymbol{v}}\quad(\mathscr{R}\rightarrow\varkappa),\tag{2.1.31}$$

这表示把矢量 $\boldsymbol{v}$ 从构形 $\mathscr{R}$ 中平移到构形 $\varkappa$ 中. 正因为如此，$\overset{\langle\rangle}{\boldsymbol{I}}$ 与 $\overset{\rangle\langle}{\boldsymbol{I}}$ 称为转移张量. 式(2.1.30) 和式(2.1.31) 称为矢量平移公式. 有时，人们往往把与转移张量进行点积这个运算省去不写，那么式(2.1.31) 就成可写

$$\overset{\rangle}{\boldsymbol{v}}=\overset{\langle}{\boldsymbol{v}},\tag{2.1.32}$$

式(2.1.32) 表达的意思就是式两端的矢量大小相等、方向相同，经过平移以后完全一致.

$$\begin{cases}v^K=g_k^K v^k, & v_K=g_K^k v_k,\\ v^k=g_K^k v^K, & v_k=g_k^K v_K.\end{cases}\tag{2.1.33}$$

若承认式(2.1.30) 和式(2.1.31)，则将式(2.1.17) 代入后，并利用式(2.1.18) 与式(2.1.19)，也同样可得到式(2.1.33). 式(2.1.33) 的各式中右端的一对哑指标 k 或 K 显然可以升降. 式(2.1.33) 称为矢量平移公式的分量形式.

2.1.3　张量的平移

张量可表示为并矢形式，其中的矢量可以部分地或全部地进行平移. 例如在构形 $\mathscr{R}$ 中的二阶张量

$$\overset{\langle\langle}{\boldsymbol{B}}=B_{KL}\boldsymbol{G}^K\boldsymbol{G}^L$$

经过部分的或全部的平移后，得到

$$\begin{cases}\overset{\rangle\langle}{\boldsymbol{B}}=\overset{\rangle\langle}{\boldsymbol{I}}\cdot\overset{\langle\langle}{\boldsymbol{B}}=(g_k^M\boldsymbol{g}^k\boldsymbol{G}_M)\cdot(B_{KL}\boldsymbol{G}^K\boldsymbol{G}^L)=g_k^M B_{ML}\boldsymbol{g}^k\boldsymbol{G}^L=B_{kL}\boldsymbol{g}^k\boldsymbol{G}^L,\\ \overset{\langle\rangle}{\boldsymbol{B}}=\overset{\langle\langle}{\boldsymbol{B}}\cdot\overset{\langle\rangle}{\boldsymbol{I}}=B_{KM}g_k^M\boldsymbol{G}^K\boldsymbol{g}^k=B_{Kk}\boldsymbol{G}^K\boldsymbol{g}^k,\\ \overset{\rangle\rangle}{\boldsymbol{B}}=\overset{\rangle\langle}{\boldsymbol{I}}\cdot\overset{\langle\langle}{\boldsymbol{B}}\cdot\overset{\langle\rangle}{\boldsymbol{I}}=g_k^M g_l^N B_{MN}\boldsymbol{g}^k\boldsymbol{g}^l=B_{kl}\boldsymbol{g}^k\boldsymbol{g}^l,\end{cases}\tag{2.1.34}$$

式(2.1.34) 中

$$B_{kL}=g_k^M B_{ML},\ B_{Kk}=g_k^M B_{KM},\ B_{kl}=g_k^M g_l^N B_{MN},\tag{2.1.35}$$

这里 $\overset{\langle\langle}{\boldsymbol{B}}$ 为构形 $\mathscr{R}$ 中的张量，$\overset{\rangle\rangle}{\boldsymbol{B}}$ 为构形 $\varkappa$ 中的张量，$\overset{\rangle\langle}{\boldsymbol{B}}$ 与 $\overset{\langle\rangle}{\boldsymbol{B}}$ 均为两点张量. 同样，由

$\overset{\rangle\rangle}{\boldsymbol{B}} = B_{kl}\boldsymbol{g}^k\boldsymbol{g}^l$ 经过部分的或全部的平移以后，得到

$$\begin{cases} \overset{\langle\rangle}{\boldsymbol{B}} = \overset{\langle\rangle}{\boldsymbol{I}} \cdot \overset{\rangle\rangle}{\boldsymbol{B}} = B_{Kk}\boldsymbol{G}^K\boldsymbol{g}^k, \\ \overset{\rangle\langle}{\boldsymbol{B}} = \overset{\rangle\rangle}{\boldsymbol{B}} \cdot \overset{\rangle\langle}{\boldsymbol{I}} = B_{kL}\boldsymbol{g}^k\boldsymbol{G}^L, \\ \overset{\langle\langle}{\boldsymbol{B}} = \overset{\langle\rangle}{\boldsymbol{I}} \cdot \overset{\langle\langle}{\boldsymbol{B}} \cdot \overset{\rangle\langle}{\boldsymbol{I}} = B_{KL}\boldsymbol{G}^K\boldsymbol{G}^L, \end{cases} \tag{2.1.36}$$

式(2.1.36) 中

$$B_{Kk} = g^r_K B_{rk}, \quad B_{kL} = g^r_L B_{ir}, \quad B_{KL} = g^r_K g^s_L B_{rs}. \tag{2.1.37}$$

式(2.1.33)、式(2.1.35) 与式(2.1.37) 说明在两个构形 $\mathscr{R}$ 与 $\mathscr{r}$ 间的指标升降(即大写与小写字母指标间的升降) 是靠转移系数来实现的.

转移张量 $\overset{\rangle\langle}{\boldsymbol{I}}$ 与 $\overset{\langle\rangle}{\boldsymbol{I}}$ 是度量张量部分平移的结果. 显然，度量张量 $\overset{\langle\langle}{\boldsymbol{I}}$ 或 $\overset{\rangle\rangle}{\boldsymbol{I}}$ 的前矢量或后矢量经过往返的两次平移以后，仍旧还原. 因此

$$\overset{\langle\rangle}{\boldsymbol{I}} \cdot \overset{\rangle\langle}{\boldsymbol{I}} = \overset{\langle\langle}{\boldsymbol{I}}, \quad \overset{\rangle\langle}{\boldsymbol{I}} \cdot \overset{\langle\rangle}{\boldsymbol{I}} = \overset{\rangle\rangle}{\boldsymbol{I}}. \tag{2.1.38}$$

将式(2.1.25) 与式(2.1.26) 代入(2.1.38) 后，就得到式(2.1.38) 的分量形式

$$g^K_k g^k_L = \delta^K_L, \quad g^k_K g^K_l = \delta^k_l,$$

这也就是前面的式(2.1.21). 此外，两个张量经过平移后的点积，和平移前它们的点积是相同的，即平移不改变点积，例如

$$\overset{\langle\rangle}{\boldsymbol{A}} \cdot \overset{\rangle\langle}{\boldsymbol{B}} = (\overset{\langle\langle}{\boldsymbol{A}} \cdot \overset{\langle\rangle}{\boldsymbol{I}}) \cdot (\overset{\rangle\langle}{\boldsymbol{I}} \cdot \overset{\langle\langle}{\boldsymbol{B}}) = \overset{\langle\langle}{\boldsymbol{A}} \cdot \overset{\langle\rangle}{\boldsymbol{I}} \cdot \overset{\rangle\langle}{\boldsymbol{I}} \cdot \overset{\langle\langle}{\boldsymbol{B}} = \overset{\langle\langle}{\boldsymbol{A}} \cdot \overset{\langle\langle}{\boldsymbol{I}} \cdot \overset{\langle\langle}{\boldsymbol{B}} = \overset{\langle\langle}{\boldsymbol{A}} \cdot \overset{\langle\langle}{\boldsymbol{B}}.$$

2.1.4 转移张量的偏梯度

在张量分析中已经知道，度量张量 $\overset{\langle\langle}{\boldsymbol{I}}$ 与 $\overset{\rangle\rangle}{\boldsymbol{I}}$ 为常张量，其梯度为零，即

$$\begin{cases} \overset{\langle\langle}{\boldsymbol{I}}\ \overset{\langle}{\nabla} = \overset{\langle}{\nabla}\overset{\langle\langle}{\boldsymbol{I}} = \boldsymbol{0}, \quad G_{KL;M} = \nabla_M G_{KL} = 0, \\ \overset{\rangle\rangle}{\boldsymbol{I}}\ \overset{\rangle}{\nabla} = \overset{\rangle}{\nabla}\ \overset{\rangle\rangle}{\boldsymbol{I}} = \boldsymbol{0}, \quad g_{kl;m} = \nabla_m g_{kl} = 0. \end{cases} \tag{2.1.39}$$

可以证明转移张量的偏梯度为零，即

$$\begin{cases} \overset{\langle\rangle}{\boldsymbol{I}}\ \overset{\langle}{\nabla} = \overset{\langle}{\nabla}\ \overset{\langle\rangle}{\boldsymbol{I}} = \boldsymbol{0}, \quad g^k_{K;M} = \nabla_M g^l_K = 0, \\ \overset{\langle\rangle}{\boldsymbol{I}}\ \overset{\rangle}{\nabla} = \overset{\rangle}{\nabla}\ \overset{\langle\rangle}{\boldsymbol{I}} = \boldsymbol{0}, \quad g^k_{K;m} = \nabla_m g^k_K = 0, \\ \overset{\rangle\langle}{\boldsymbol{I}}\ \overset{\langle}{\nabla} = \overset{\langle}{\nabla}\ \overset{\rangle\langle}{\boldsymbol{I}} = \boldsymbol{0}, \quad g^K_{k;M} = \nabla_M g^K_k = 0, \\ \overset{\rangle\langle}{\boldsymbol{I}}\ \overset{\rangle}{\nabla} = \overset{\rangle}{\nabla}\ \overset{\rangle\langle}{\boldsymbol{I}} = \boldsymbol{0}, \quad g^K_{k;m} = \nabla_m g^K_k = 0. \end{cases} \tag{2.1.40}$$

2.2　物体与构形

在连续介质力学中，物体(body)是作为物质点(material point)的连续致密集合来对待的. 所谓物质点，就是指构成连续介质的点，而不是物质结构论中所研究的那种物质的构成要素，物质点是具有物性的几何点. 用 $\mathscr{B}$ 表示物体，用 X 表示物质点. 这个 X 就是物质点的名称. 物体只有当它在三维空间中占有明显的形状和场所时，才能使我们认识到它的存在. 物体在空间所占的区域，称为构形. 物质点 X 当其构形为 $\boldsymbol{\chi}$ 时(图 2.2)，它在空间所占的位置以矢量 $\boldsymbol{x}$ 表示，则有

$$\boldsymbol{x} = \boldsymbol{\chi}(X), \quad X \in \mathscr{B}. \tag{2.2.1}$$

选取一个特定构形，比如物体在 $t = t_0$ 时所占据的区域 $\mathscr{R}$，记作 $\boldsymbol{\kappa}$，称为参考构形(reference configuration). 它可以取物体变形前的自然状态，也可以取任意状态. 物质点 X 在参考构形中的位置 $\boldsymbol{X}$ 为

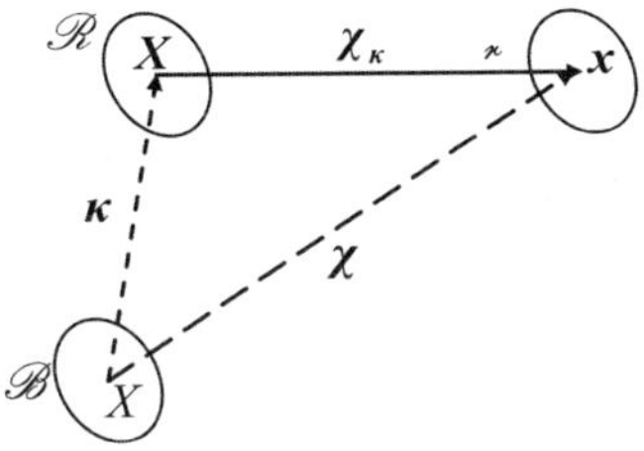

图 2.2　物体 $\mathscr{B}$ 与参考构形 $\mathscr{R}$、构形 $\varkappa$ 的关系

$$\boldsymbol{X} = \boldsymbol{\kappa}(X), \quad X \in \mathscr{B}. \tag{2.2.2}$$

相应地，物体在运动(变形)后所占据的区域 $\varkappa(t)$，称为现时构形 $\boldsymbol{\chi}$(current configuration).

由构形 $\boldsymbol{\kappa}$ 至构形 $\boldsymbol{\chi}$ 的变化，或者说，物质点的全部由 $\boldsymbol{X} \in \mathscr{R}$ 至 $\boldsymbol{x} \in \varkappa(t)$ 的变换，构成物体的运动. 如果只考虑某固定时刻 t 就有所谓变形(deformation). 一般地，本书中对参考构形中的物理量用大写字符表示，而现时构形的则用小写字符表示.

2.3　连续介质的运动

2.3.1　Lagrange 描述法和与 Euler 描述法

当连续体发生变形(或流动)时，连续介质中的质点系沿空间内各种路径运动，该运

动可由方程

$$x^k = x^k(X^{\mathrm{I}}, X^{\mathrm{II}}, X^{\mathrm{III}}, t) = x^k(\boldsymbol{X}, t) \quad 或 \quad \boldsymbol{x} = \boldsymbol{x}(\boldsymbol{X}, t) \tag{2.3.1}$$

来描述，方程给出质点现在的位置 x^k，而该质点在初始时刻 t_0 时，位于点$(X^{\mathrm{I}}, X^{\mathrm{II}}, X^{\mathrm{III}})$. 式(2.3.1) 也可以解释为初始位形映射成现时位形，假定这种映射是一一对应的，而且是连续的. 因此，要求无论是哪一阶的偏导数都必须是连续偏导数. 由式(2.3.1) 所表示的运动或变形的描述法，称为拉格朗日(Lagrange) 描述法，亦称随体法.

另一方面，如果运动或变形是通过方程

$$X^K = X^K(x^1, x^2, x^3, t) = X_K(\boldsymbol{x}, t) \quad 或 \quad \boldsymbol{X} = \boldsymbol{X}(\boldsymbol{x}, t) \tag{2.3.2}$$

给定，方程中独立变量是 x^k 和 t，这种描述法称为欧拉(Euler) 描述法，亦称当地法. 这种描述法可根据质点现今的位置(x^1, x^2, x^3) 追溯出初始位置. 如果式(2.3.2) 是一一对应的、连续的变换，同对式(2.3.1) 的假定那样，其各阶导数也是连续的，这两种映射都是唯一的、彼此可逆的.

2.3.2 许可运动

连续介质的运动(motion) 或变形(deformation) 的概念可以用三维欧氏空间本身连续变换的数学概念来代表. 这个变换的参数是时间 t. 为描述这个变换，选用两个无关的但为任意的固定曲线坐标系$\{X^K\}$ 和$\{x^k\}$.

在 t_0 时，物体 $\mathscr{B}$ 各点连续充满空间区域 $\mathscr{R}$，$\mathscr{R}$ 由体积 $\mathscr{V}$ 和其表面积 $\mathscr{A}$ 构成，即 $\mathscr{R} = \mathscr{V} + \mathscr{A}$. 这时处在矢径为 $\boldsymbol{X}$ 的物质点参考于系$\{X^K\}$ 而具有坐标 X^K，称为物质坐标(material coordinate) 或 Lagrange 坐标.

如图 2.3 所示，在运动过程中，物质点 X 在 t 时移动至矢径为

$$\boldsymbol{x} = \boldsymbol{X} + \boldsymbol{u} \tag{2.3.3}$$

的位置上，$\boldsymbol{u}$ 就是该点的位移矢量. 此时物质点在$\{x^i\}$ 中具有坐标 x^i，称为空间坐标(spatial coordinate) 或 Euler 坐标. 整个物体则充满区域 $r(t) = v(t) + a(t)$，$v(t)$ 和 $a(t)$ 的意义类似于 $\mathscr{V}$ 和 $\mathscr{A}$.

需要注意的是，物质点在 t_0 时的物质坐标 X^K 是不变的，它是物质点的内禀记号. 物质点的空间坐标 x^i 则随时间而变化. 而$\{X^K\}$ 和$\{x^k\}$ 则分别称为物质系和空间系.

以下只考虑许可运动(admissible motion)，

$$\boldsymbol{x} = \boldsymbol{x}(\boldsymbol{X}, t), \quad x^k = x^k(X^K, t), \tag{2.3.4}$$

即对于 t，式(2.3.4) 为连续可微、单值的函数，且逆变换

$$\boldsymbol{X} = \boldsymbol{X}(\boldsymbol{x}, t), \quad X^K = X^K(x^k, t), \tag{2.3.5}$$

也具有连续可微、单值的性质. 这称为连续性公理(axiom of continuity). 这样在整个区

域 $\mathscr{R}$ 内，函数的 Jacobi 行列式就不能为零，也就是反函数存在的充要条件. 不失一般性，今后假定

$$0<|x^k_{;K}|<\infty \quad (\text{从而 } 0<|X^K_{;k}|<\infty), \tag{2.3.6}$$

其中

$$|x^k_{;K}|=\det\left(\frac{\partial \boldsymbol{x}}{\partial \boldsymbol{X}}\right)=\frac{\partial(x^1, x^2, x^3)}{\partial(X^{\mathrm{I}}, X^{\mathrm{II}}, X^{\mathrm{III}})}. \tag{2.3.7}$$

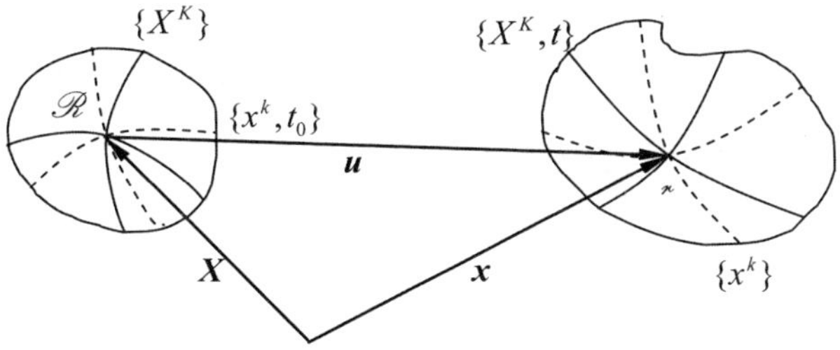

图 2.3　物质的运动，随体坐标系

2.3.3　随体坐标系及基矢、度量张量

对于连续介质的运动，还需要引入随体坐标系. 用于区别点的 Lagrange 坐标 X^K，可以像坐标 x^i 那样看作是空间中这些点在区域 $\varkappa(t)$ 中另外一种坐标，而相应的坐标 X^K 就组成了该空间中运动的可变形的曲线坐标系，称之为随体坐标系. 这样，如果在初始时刻 t_0 时，在连续介质中选取某些由连续介质的点组成的坐标线(初始的 Lagrange 坐标系)，则它们在下一时刻还将与连续介质的点一起组成随体坐标系的坐标线. 不过，即使在初始时刻的随体坐标线选取为直线，它们在下一时刻一般也将变形为曲线.

因此，如果考察与连续介质的点联系在一起的坐标系，那么它将随着时间的推移而发生变化. 在任何给定的时刻，我们都有权选择这样的坐标系，但在此后的时刻，该坐标系已经不再受我们的控制，因为它已经被“冻结”在介质中，并与之一起变形. 这种被冻结在介质中的坐标系就是上面定义的随体坐标系. 连续介质所有的点相对于运动着的随体坐标系总是静止的，因为其坐标 X^K 在随体坐标系中保持不变. 然而，该坐标系本身却在运动，其坐标线不断伸长或缩短，并变得弯曲. 随体坐标系的概念是理论力学中刚体的固定坐标系向连续介质情形的推广.

每当我们讨论连续介质运动的时候，都必须区别介质中不同的点，因此必须使用 Lagrange 坐标. 所以，在研究连续介质运动时总是认为，既存在用来确定运动的参考系 x^1，x^2，x^3，也存在随体坐标系.

把 X^K 与 t 作为独立变量来使用，这就是研究连续介质运动的 Lagrange 观点. 因此，这个观点在很大程度上是以单独描述连续介质每个点的运动过程为基础的. 这样的描述在实践中常常过于详细和复杂，但是在表达物理定律的时候，我们总是这样处理.

为了描述连续体的运动，选择两个无关的但为任意的固定曲线坐标系 $\{X^K\}$ 和 $\{x^i\}$，相应的协变基矢量可写为

$$\boldsymbol{G}_K=\frac{\partial \boldsymbol{X}}{\partial X^K}(K=\mathrm{I},\ \mathrm{II},\ \mathrm{III}),\ \boldsymbol{g}_k=\frac{\partial \boldsymbol{x}}{\partial x^k}(k=1,\ 2,\ 3). \tag{2.3.8}$$

现在再考虑两个叫做随体坐标系的辅助性坐标系 $\{X^K,\ t\}$ 和 $\{x^i,\ t_0\}$. 设想在 t_0 时，坐标系 $\{X^K\}$ 被嵌在物体内而随它一起运动. 在 t 时，随体坐标系各坐标线留在空间的痕迹就是 $\{X^K,\ t\}$. 而 $\{x^i,\ t_0\}$ 是这样的坐标系，它在 t_0 时随物体一起，当运动到时刻 t 时恰好和 $\{x^i\}$ 系重合. 物质点在 $\{x^i,\ t_0\}$ 系具有坐标 x^i，而在 $\{X^K,\ t\}$ 系则有坐标 X^K. 在固定时刻 t，可以将 $\{x^i,\ t_0\}$ 当作物质系使用，而 $\{X^K,\ t\}$ 为空间系. 在这样的理解下，定义于 $\{X^K\}$ 或 $\{x^i\}$ 的任何几何量均可通过系数 $x^i_{;K}$ 和 $X^K_{;i}$ 变换至 $\{x^i,\ t_0\}$ 或 $\{X^K,\ t\}$. 反之亦然.

t_0 时刻线元 $\mathrm{d}\boldsymbol{X}=(\boldsymbol{X}+\mathrm{d}\boldsymbol{X})-X$，运动到 t 时刻为 $\mathrm{d}\boldsymbol{x}=(\boldsymbol{x}+\mathrm{d}\boldsymbol{x})-\boldsymbol{x}$. 将现时构形中的线元 $\mathrm{d}\boldsymbol{x}$ 在 $\{X^K,\ t\}$ 中表出，采用微分方式 $\mathrm{d}\boldsymbol{x}=\left(\frac{\partial \boldsymbol{x}}{\partial X^K}\right)\mathrm{d}X^K$，将参考构形中的线元 $\mathrm{d}\boldsymbol{X}$ 在 $\{X^K\}$ 中表出，$\mathrm{d}\boldsymbol{X}=\mathrm{d}X^K\boldsymbol{G}_K$，其中 $\boldsymbol{G}_K$ 为 $\{X^K\}$ 的协变基矢，考虑 Lagrange 坐标系 $\{X^K\}$“镶嵌”在物体中并随物体一起变形而变形. $\mathrm{d}\boldsymbol{x}$ 在 $\{X^K,\ t\}$ 中与 $\mathrm{d}\boldsymbol{X}=\mathrm{d}X^K\boldsymbol{G}_K$ 在 $\{X^K\}$ 中有相同的坐标分量. 因此在 $\{X^K,\ t\}$ 中 $\mathrm{d}\boldsymbol{x}=\left(\frac{\partial \boldsymbol{x}}{\partial X^K}\right)\mathrm{d}X^K\equiv \boldsymbol{C}_K\mathrm{d}X^K$，即

$$\boldsymbol{C}_K=\frac{\partial \boldsymbol{x}}{\partial X^K}=\frac{\partial \boldsymbol{x}}{\partial x^r}\frac{\partial x^r}{\partial X^K}=\boldsymbol{g}_r\frac{\partial x^r}{\partial X^K}, \tag{2.3.9}$$

$\boldsymbol{C}_K$ 为 $\{X^K,\ t\}$ 的协变基矢.

类似地，参考构形中的线元 $\mathrm{d}\boldsymbol{X}$ 在 $\{x^k,\ t_0\}$ 中的坐标分量应该与现时构形中的线元 $\mathrm{d}\boldsymbol{x}=\mathrm{d}x^k\boldsymbol{g}_k$ 在 $\{x^k\}$ 中的坐标分量相同，即都等于 $\mathrm{d}x^k$. 故由 $\mathrm{d}\boldsymbol{X}=\left(\frac{\partial \boldsymbol{X}}{\partial x^k}\right)\mathrm{d}x^k$ 可知随体坐标系 $\{x^k,\ t_0\}$ 的协变基矢为

$$\boldsymbol{c}_k=\frac{\partial \boldsymbol{X}}{\partial x^k}=\frac{\partial \boldsymbol{X}}{\partial X^K}\frac{\partial X^K}{\partial x^k}=\boldsymbol{G}_K\frac{\partial X^K}{\partial x^k}. \tag{2.3.10}$$

需要注意的是，$\boldsymbol{G}_K$ 和 $\boldsymbol{C}_K$ 的坐标变量为 $X^K(K=\mathrm{I},\ \mathrm{II},\ \mathrm{III})$，而 $\boldsymbol{g}_k$ 和 $\boldsymbol{c}_k$ 的坐标变量为 $x^k(k=1,\ 2,\ 3)$.

由运动的许可性，这两组矢量 $\boldsymbol{C}_K$，$\boldsymbol{c}_k$ 均属非共面. 于是有随体坐标系的协变度量张量

$$\begin{cases} c_{kl}=\boldsymbol{c}_k\cdot\boldsymbol{c}_l=\boldsymbol{G}_K\cdot\boldsymbol{G}_L\dfrac{\partial X^K}{\partial x^k}\dfrac{\partial X^L}{\partial x^l}=G_{KL}\dfrac{\partial X^K}{\partial x^k}\dfrac{\partial X^L}{\partial x^l}, \\ C_{KL}=\boldsymbol{C}_K\cdot\boldsymbol{C}_L=\boldsymbol{g}_k\cdot\boldsymbol{g}_l\dfrac{\partial x^k}{\partial X^K}\dfrac{\partial x^l}{\partial X^L}=g_{kl}\dfrac{\partial x^k}{\partial X^K}\dfrac{\partial x^l}{\partial X^L} \end{cases} \tag{2.3.11}$$

和逆变度量张量

$$\overset{-1}{c}{}^{kl}=G^{KL}\frac{\partial x^k}{\partial X^K}\frac{\partial x^l}{\partial X^L},\qquad \overset{-1}{C}{}^{KL}=g^{kl}\frac{\partial X^K}{\partial x^k}\frac{\partial X^L}{\partial x^l}, \tag{2.3.12}$$

它们之间满足

$$c_{kr}\overset{-1}{c}{}^{rl}=\delta^l_k,\quad C_{KM}\overset{-1}{C}{}^{ML}=\delta^L_K. \tag{2.3.13}$$

事实上，有

$$\begin{aligned} C_{MN}G^{MK}G^{NL}&=\boldsymbol{C}_M\cdot\boldsymbol{C}_NG^{MK}G^{NL}=\boldsymbol{C}_MG^{MK}\cdot\boldsymbol{C}_NG^{NL} \\ &=(\boldsymbol{C}_M\boldsymbol{G}^M\cdot\boldsymbol{G}^K)(\boldsymbol{C}_N\boldsymbol{G}^N\cdot\boldsymbol{G}^L) \\ &=(\boldsymbol{C}^M\boldsymbol{G}_M\cdot\boldsymbol{G}^K)(\boldsymbol{C}^N\boldsymbol{G}_N\cdot\boldsymbol{G}^L) \\ &=(\boldsymbol{C}^M\delta_M^{\cdot K})(\boldsymbol{C}^N\delta_N^{\cdot L})=C^{KL} \\ &\neq g^{kl}\frac{\partial X^K}{\partial x^k}\frac{\partial X^L}{\partial x^l}=\overset{-1}{C}{}^{KL}. \end{aligned}$$

这里例外地采用了符号 $\overset{-1}{c}{}^{kl}$，$\overset{-1}{C}{}^{KL}$，而不直接采用 c^{kl}，C^{KL} 的形式表示逆变分量，这是因为，作为随体坐标系中度量张量得到确定以后，随体坐标系不再需要了. 而 C_{KL}，c_{kl} 可以作为 $\{X^K\}$ 和 $\{x^k\}$ 的普通张量而非度量张量. 这时采用 $\{X^K\}$ 和 $\{x^k\}$ 中的度量张量 G_{KL}，g_{kl} 来升降指标，则有

$$C_{MN}G^{MK}G^{NL}=C^{KL}\neq\overset{-1}{C}{}^{KL}.$$

这也正是采用符号 $\overset{-1}{C}{}^{KL}$ 以区别于 C^{KL} 的原因.

$\mathscr{R}$ 和 $\varkappa$ 中的物质线元及其长度平方分别在 $\{x^i,t_0\}$ 和 $\{X^K,t\}$ 里具有如下表达式

$$\mathrm{d}\boldsymbol{X}=\boldsymbol{c}_i\mathrm{d}x^i,\quad \mathrm{d}S^2=c_{ij}\mathrm{d}x^i\mathrm{d}x^j,$$

$$\mathrm{d}\boldsymbol{x}=\boldsymbol{C}_K\mathrm{d}X^K,\quad \mathrm{d}s^2=C_{KL}\mathrm{d}X^K\mathrm{d}X^L.$$

随体坐标系中度量张量的并矢形式为

$$
\left\{
\begin{aligned}
\overset{\langle\langle}{\boldsymbol{C}} &= C_{KL}\boldsymbol{G}^K\boldsymbol{G}^L = g_{kl}x^k_{;K}x^l_{;L}\boldsymbol{G}^K\boldsymbol{G}^L \\
&= (\partial_K x^k\boldsymbol{G}^K\boldsymbol{g}_k)\cdot(x^l_{;L}\boldsymbol{g}_l\boldsymbol{G}^L) = (\overset{\langle}{\nabla}\,\boldsymbol{x})\cdot(\boldsymbol{x}\,\overset{\langle}{\nabla}) \\
&= (\overset{\langle}{\nabla}\,\overset{\langle}{\boldsymbol{x}})\cdot(\overset{\langle}{\boldsymbol{x}}\,\overset{\langle}{\nabla}), \\
\overset{\rangle\rangle}{\boldsymbol{c}} &= c_{kl}\boldsymbol{g}^k\boldsymbol{g}^l = G_{KL}X^K_{;k}X^L_{;l}\boldsymbol{g}^k\boldsymbol{g}^l \\
&= (\partial_k X^K\boldsymbol{g}^k\boldsymbol{G}_K)\cdot(X^L_{;l}\boldsymbol{G}_L\boldsymbol{g}^l) \\
&= (\overset{\rangle}{\nabla}\,\boldsymbol{X})\cdot(\boldsymbol{X}\,\overset{\rangle}{\nabla}) = (\overset{\rangle}{\nabla}\,\overset{\rangle}{\boldsymbol{X}})\cdot(\overset{\rangle}{\boldsymbol{X}}\,\overset{\rangle}{\nabla}), \\
\overset{-1}{\overset{\langle\langle}{\boldsymbol{C}}} &= \overset{-1}{C}{}^{KL}\boldsymbol{G}_K\boldsymbol{G}_L = g^{kl}X^K_{;k}X^L_{;l}\boldsymbol{G}_K\boldsymbol{G}_L \\
&= (X^K_{;k}\boldsymbol{G}_K\boldsymbol{g}^k)\cdot(\partial_l X^L\boldsymbol{g}^l\boldsymbol{G}_L) \\
&= (\boldsymbol{X}\,\overset{\rangle}{\nabla})\cdot(\overset{\rangle}{\nabla}\,\boldsymbol{X}), \\
\overset{-1}{\overset{\rangle\rangle}{\boldsymbol{c}}} &= \overset{-1}{c}{}^{kl}\boldsymbol{g}_k\boldsymbol{g}_l = G^{KL}x^k_{;K}x^l_{;L}\boldsymbol{g}_k\boldsymbol{g}_l \\
&= (x^k_{;K}\boldsymbol{g}_k\boldsymbol{G}^K)\cdot(\partial_L x^l\boldsymbol{G}^L\boldsymbol{g}_l) \\
&= (\boldsymbol{x}\,\overset{\langle}{\nabla})\cdot(\overset{\langle}{\nabla}\,\boldsymbol{x}).
\end{aligned}
\right.
\tag{2.3.14}
$$

符号"〈"表示所被附属的量或算符是参考构形 $\mathscr{R}$ 中的量或算符，"〉"则是现时构形 $\varkappa(t)$ 中的，下同.

任何一个张量都可以在上述任何一种坐标系的基矢量下进行分解.

位移 $\boldsymbol{u}$ 可以在 $\{X^K\}$，也可以在 $\{x^i\}$ 考察：

$$
\overset{\langle}{\boldsymbol{u}} = u^K\boldsymbol{G}_K = \overset{\langle\rangle}{\boldsymbol{I}}\cdot\overset{\rangle}{\boldsymbol{u}} = g^K_r u^r\boldsymbol{G}_K, \quad \overset{\rangle}{\boldsymbol{u}} = u^i\boldsymbol{g}_i = \overset{\rangle\langle}{\boldsymbol{I}}\cdot\overset{\langle}{\boldsymbol{u}} = g^i_L u^L\boldsymbol{g}_i.
$$

例 2.1 已知一变形的 Lagrange 描述为

$$
x^1 = X^{\mathrm{I}} + X^{\mathrm{II}}(e^t - 1), \quad x^2 = X^{\mathrm{I}}(e^t - 1) + X^{\mathrm{I}}, \quad x^3 = X^{\mathrm{III}}.
$$

试给出其空间描述或 Euler 描述.

解：Jacobi 行列式为

$$
\frac{\partial(x^1, x^2, x^3)}{\partial(X^{\mathrm{I}}, X^{\mathrm{II}}, X^{\mathrm{III}})} = \det\begin{pmatrix} 1 & e^t - 1 & 0 \\ e^t - 1 & 1 & 0 \\ 0 & 0 & 1 \end{pmatrix} = 2e^t - e^{2t}.
$$

其 Euler 表达式为

$$
X^{\mathrm{I}} = \frac{-x^1 + x^2(e^t - 1)}{1 - e^t - e^{-t}}, \quad X^{\mathrm{II}} = \frac{x^1(e^t - 1) - x^2}{1 - e^t - e^{-t}}, \quad X^{\mathrm{III}} = x^3.
$$

2.4　变形梯度

为讨论变形，考虑参考构形 $\boldsymbol{\kappa}$ 中两个充分邻近的物质点 $\boldsymbol{X}$ 和 $\boldsymbol{X}+\mathrm{d}\boldsymbol{X}$，它们在构形 $\boldsymbol{\chi}$ 中分别占据位置 $\boldsymbol{x}$ 和 $\boldsymbol{x}+\mathrm{d}\boldsymbol{x}$，略去 $|\mathrm{d}\boldsymbol{X}|$ 的二次以上项，得到

$$\mathrm{d}\boldsymbol{x}=\boldsymbol{x}(\boldsymbol{X}+\mathrm{d}\boldsymbol{X},\ t)-x(\boldsymbol{X},\ t)=\overset{\rangle\langle}{\boldsymbol{F}}\cdot\mathrm{d}\boldsymbol{X}, \tag{2.4.1}$$

式(2.4.1) 中

$$\overset{\rangle\langle}{\boldsymbol{F}}=\frac{\partial\boldsymbol{x}}{\partial\boldsymbol{X}}=\overset{\rangle}{\boldsymbol{x}}\ \overset{\langle}{\nabla} \tag{2.4.2}$$

称为变形梯度(deformation gradient)，$\overset{\langle}{\nabla}$ 为 Himlton 算子. 式(2.4.2) 的分量形式为

$$F_{kK}=\frac{\partial x^{k}}{\partial X^{K}}=x_{k,\ K}. \tag{2.4.3}$$

式(2.4.1) 表示 $\mathrm{d}\boldsymbol{X}$ 与 $\mathrm{d}\boldsymbol{x}$ 之间的线性关系，同时刻画了 $\boldsymbol{X}$ 附近的变形. $\overset{\rangle\langle}{\boldsymbol{F}}$ 是一个二阶两点张量(two-point tensor)，具有两个下标，前一个 k 属于现时构形，后一个 K 属于参考构型. 变形梯度张量是分析变形局部性质的基本量，由此可见，两点张量场的概念正是为了描述运动. $\overset{\rangle\langle}{\boldsymbol{F}}$ 是非奇异二阶张量，$\overset{\rangle\langle}{\boldsymbol{F}}$ 的并矢形式为

$$\overset{\rangle\langle}{\boldsymbol{F}}=\frac{\partial x^{k}}{\partial X^{K}}\boldsymbol{g}_{k}\boldsymbol{G}_{K}=F_{kK}\boldsymbol{g}_{k}\boldsymbol{G}_{K}. \tag{2.4.4}$$

若将二阶变形梯度张量 $\overset{\rangle\langle}{\boldsymbol{F}}$ 写成矩阵形式，则为

$$(F_{kK})=\begin{pmatrix}x^{1}\\ x^{2}\\ x^{3}\end{pmatrix}\begin{pmatrix}\dfrac{\partial}{\partial X^{\mathrm{I}}} & \dfrac{\partial}{\partial X^{\mathrm{II}}} & \dfrac{\partial}{\partial X^{\mathrm{III}}}\end{pmatrix}=\frac{\partial(x^{1},\ x^{2},\ x^{3})}{\partial(X^{\mathrm{I}},\ X^{\mathrm{II}},\ X^{\mathrm{III}})}. \tag{2.4.5}$$

显见，上述矩阵形式上与 Jacobi 矩阵相同. 其行列式

$$\mathscr{J}=\det\overset{\rangle\langle}{\boldsymbol{F}}=\frac{\partial(x^{1},\ x^{2},\ x^{3})}{\partial(X^{\mathrm{I}},\ X^{\mathrm{II}},\ X^{\mathrm{III}})}$$

给出了构形 $\boldsymbol{\kappa}$ 与 $\boldsymbol{\chi}$ 的体积比.

变形梯度张量的转置张量为①

$$\overset{\langle\rangle}{\boldsymbol{F}}{}^{\mathrm{T}}=\frac{\partial x^{k}}{\partial X^{K}}\boldsymbol{G}_{K}\boldsymbol{g}_{k}=x_{k;K}\boldsymbol{G}_{K}\boldsymbol{g}_{k}=F_{Kk}^{\mathrm{T}}\boldsymbol{G}_{K}\boldsymbol{g}_{k}=\overset{\langle}{\nabla}\ \overset{\rangle}{\boldsymbol{x}}. \tag{2.4.6}$$

---

① 张量的转置一般是不变更基矢量的次序而变更系数指标次序达到，也可以通过不变系数指标次序而更换基矢量的次序来达到. 即若 $\boldsymbol{B}=B_{ij}\boldsymbol{g}^{i}\boldsymbol{g}^{j}$，则 $\boldsymbol{B}^{\mathrm{T}}=(B_{ij}\boldsymbol{g}^{i}\boldsymbol{g}^{j})^{\mathrm{T}}=B_{ij}\boldsymbol{g}^{j}\boldsymbol{g}^{i}=B_{ji}\boldsymbol{g}^{i}\boldsymbol{g}^{j}$. 此处是属于后者.

由变形梯度 $\overset{\rangle\langle}{\boldsymbol{F}}$ 的几何意义，可知它必有逆. 可以验证其逆为

$$\overset{\langle\rangle}{\boldsymbol{F}}{}^{-1}=\frac{\partial X^K}{\partial x^k}\boldsymbol{G}_K\boldsymbol{g}_k=F^{-1}_{Kk}\boldsymbol{G}_K\boldsymbol{g}_k=\boldsymbol{X}\ \overset{\rangle}{\nabla}. \tag{2.4.7}$$

验证如下：

$$\overset{\rangle\langle}{\boldsymbol{F}}\cdot\overset{\langle\rangle}{\boldsymbol{F}}{}^{-1}=\left(\frac{\partial x^k}{\partial X^K}\boldsymbol{g}_k\boldsymbol{G}^K\right)\cdot\left(\frac{\partial X^L}{\partial x^l}\boldsymbol{G}_L\boldsymbol{g}_l\right)=\frac{\partial x^k}{\partial X^K}\frac{\partial X^K}{\partial x^l}\boldsymbol{g}_k\boldsymbol{g}_l=\delta_{kl}\boldsymbol{g}_k\boldsymbol{g}_l=\overset{\rangle\rangle}{\boldsymbol{I}}. \tag{2.4.8}$$

式中 $\overset{\rangle\rangle}{\boldsymbol{I}}$ 表示二阶单位张量(有时候也记作 $\boldsymbol{\delta}$，事实上，它就是 Kroneker δ). 同样也可验证

$$\begin{aligned}\overset{\langle\rangle}{\boldsymbol{F}}{}^{-1}\cdot\overset{\rangle\langle}{\boldsymbol{F}}&=\left(\frac{\partial X^K}{\partial x^k}\boldsymbol{G}_K\boldsymbol{g}^k\right)\cdot\left(\frac{\partial x^l}{\partial X^L}\boldsymbol{g}_l\boldsymbol{G}^L\right)\\&=\frac{\partial X^K}{\partial x^k}\frac{\partial x^k}{\partial X^L}\boldsymbol{G}_K\boldsymbol{G}^L=\frac{\partial X^K}{\partial X^L}\boldsymbol{G}_K\boldsymbol{G}^L=\delta^L_K\boldsymbol{G}_K\boldsymbol{G}^L=\overset{\langle\langle}{\boldsymbol{I}}.\end{aligned} \tag{2.4.9}$$

变形梯度 $\overset{\rangle\langle}{\boldsymbol{F}}$ 的逆转置张量为

$$\overset{\rangle\langle}{\boldsymbol{F}}{}^{-T}=(\overset{\rangle\langle}{\boldsymbol{F}}{}^{\mathrm{T}})^{-1}=(\overset{\rangle\langle}{\boldsymbol{F}}{}^{-1})^{\mathrm{T}}=\frac{\partial X^K}{\partial x^k}\boldsymbol{g}_k\boldsymbol{G}_K=F^{-T}_{kK}\boldsymbol{g}_k\boldsymbol{G}_K=\overset{\rangle}{\nabla}\ \boldsymbol{X}. \tag{2.4.10}$$

下式

$$\mathrm{d}\boldsymbol{X}=\overset{\rangle\langle}{\boldsymbol{F}}{}^{-1}\cdot\mathrm{d}\boldsymbol{x} \tag{2.4.11}$$

与式(2.4.1) 为线元的变换公式.

下面一些量列出备用

$$\begin{cases}\overset{\rangle\langle}{\boldsymbol{F}}=\boldsymbol{x}\ \overset{\langle}{\nabla}=x^k_{;K}\boldsymbol{g}_k\boldsymbol{G}^K,\\ \overset{\langle\langle}{\boldsymbol{F}}=\overset{\langle\rangle}{\boldsymbol{I}}\cdot\overset{\rangle\langle}{\boldsymbol{F}}=g^K_r x^r_{;L}\boldsymbol{G}_K\boldsymbol{G}^L,\\ \overset{\rangle\rangle}{\boldsymbol{F}}=\overset{\rangle\langle}{\boldsymbol{F}}\cdot\overset{\langle\rangle}{\boldsymbol{I}}=x^k_{;L}g^L_l\boldsymbol{g}_k\boldsymbol{g}^l,\\ \overset{\langle\rangle}{\boldsymbol{F}}=\overset{\langle\rangle}{\boldsymbol{I}}\cdot\overset{\rangle\langle}{\boldsymbol{F}}\cdot\overset{\langle\rangle}{\boldsymbol{I}}=g^K_r x^r_{;L}g^L_l\boldsymbol{G}_K\boldsymbol{g}^l.\end{cases} \tag{2.4.12}$$

$$\begin{cases}\overset{\langle\rangle}{\boldsymbol{F}}{}^{\mathrm{T}}=\overset{\langle}{\nabla}\ \boldsymbol{x}=x^k_{;K}\boldsymbol{G}^K\boldsymbol{g}_k,\\ \overset{\rangle\rangle}{\boldsymbol{F}}{}^{\mathrm{T}}=\overset{\rangle\langle}{\boldsymbol{I}}\cdot\overset{\langle\rangle}{\boldsymbol{F}}{}^{\mathrm{T}}=x^k_{;M}g^M_l\boldsymbol{g}^l\boldsymbol{g}_k,\\ \overset{\langle\langle}{\boldsymbol{F}}{}^{\mathrm{T}}=\overset{\langle\rangle}{\boldsymbol{F}}{}^{\mathrm{T}}\cdot\overset{\rangle\langle}{\boldsymbol{I}}=g^K_r x^r_{;L}\boldsymbol{G}^L\boldsymbol{G}_K,\\ \overset{\rangle\langle}{\boldsymbol{F}}{}^{\mathrm{T}}=\overset{\rangle\langle}{\boldsymbol{I}}\cdot\overset{\rangle\langle}{\boldsymbol{F}}{}^{\mathrm{T}}\cdot\overset{\rangle\langle}{\boldsymbol{I}}=g^K_r x^r_{;M}g^M_k\boldsymbol{g}^k\boldsymbol{G}_K.\end{cases} \tag{2.4.13}$$

$$\begin{cases}\overset{\langle\rangle}{\boldsymbol{F}}{}^{-1}=\boldsymbol{X}\ \overset{\rangle}{\nabla}=X^k_{;K}\boldsymbol{G}^K\boldsymbol{g}_k,\\ \overset{\rangle\rangle}{\boldsymbol{F}}{}^{-1}=\overset{\rangle\langle}{\boldsymbol{I}}\cdot\overset{\langle\rangle}{\boldsymbol{F}}{}^{-1}=g^k_M X^M_{;l}\boldsymbol{g}_l\boldsymbol{g}^k,\\ \overset{\langle\langle}{\boldsymbol{F}}{}^{-1}=\overset{\langle\rangle}{\boldsymbol{F}}{}^{-1}\cdot\overset{\rangle\langle}{\boldsymbol{I}}=X^K_{;r}g^r_L\boldsymbol{G}_K\boldsymbol{G}^L,\\ \overset{\rangle\langle}{\boldsymbol{F}}{}^{-1}=\overset{\rangle\langle}{\boldsymbol{I}}\cdot\overset{\langle\rangle}{\boldsymbol{F}}{}^{-1}\cdot\overset{\rangle\langle}{\boldsymbol{I}}=g^k_M X^M_{;r}g^r_K\boldsymbol{g}_k\boldsymbol{G}^K.\end{cases} \tag{2.4.14}$$

$$
\left\{
\begin{aligned}
&\overset{\rangle\langle}{\boldsymbol{F}}{}^{-\mathrm{T}} = \overset{\rangle}{\nabla}\boldsymbol{X} = X^K_{;k}\boldsymbol{g}^k\boldsymbol{G}_K,\\
&\overset{\langle\langle}{\boldsymbol{F}}{}^{-\mathrm{T}} = \overset{\langle\rangle}{\boldsymbol{I}}\cdot\overset{\rangle\langle}{\boldsymbol{F}}{}^{-\mathrm{T}} = X^L_{;r}g^r_K\boldsymbol{G}^K\boldsymbol{G}_L,\\
&\overset{\rangle\rangle}{\boldsymbol{F}}{}^{-\mathrm{T}} = \overset{\rangle\langle}{\boldsymbol{F}}{}^{-\mathrm{T}}\cdot\overset{\langle\rangle}{\boldsymbol{I}} = g^l_M X^M_{;k}\boldsymbol{g}^k\boldsymbol{g}_l,\\
&\overset{\langle\rangle}{\boldsymbol{F}}{}^{-\mathrm{T}} = \overset{\langle\rangle}{\boldsymbol{I}}\cdot\overset{\rangle\langle}{\boldsymbol{F}}{}^{-\mathrm{T}}\cdot\overset{\langle\rangle}{\boldsymbol{I}} = g^k_M X^M_{;r}g^r_K\boldsymbol{G}^K\boldsymbol{g}_k.
\end{aligned}
\right.
\tag{2.4.15}
$$

以下给出体元与面元的变换关系.

对于 $\mathscr{R}$ 中的体元 $\mathrm{d}V=[\mathrm{d}\boldsymbol{X}^{\mathrm{I}}\,\mathrm{d}\boldsymbol{X}^{\mathrm{II}}\,\mathrm{d}\boldsymbol{X}^{\mathrm{III}}]$ 来说，它变形后为 $\mathrm{d}v=[\mathrm{d}\boldsymbol{x}^1\mathrm{d}\boldsymbol{x}^2\mathrm{d}\boldsymbol{x}^3]$，由于构成 $\mathrm{d}v$ 的三个矢量移动到 $\boldsymbol{X}$ 点后所得的三矢量之混合积不变，故有

$$
\begin{aligned}
\mathrm{d}v &= (\overset{\langle\rangle}{\boldsymbol{I}}\cdot\mathrm{d}\boldsymbol{x}^1)\times(\overset{\langle\rangle}{\boldsymbol{I}}\cdot\mathrm{d}\boldsymbol{x}^2)\cdot(\overset{\langle\rangle}{\boldsymbol{I}}\cdot\mathrm{d}\boldsymbol{x}^3)\\
&= \frac{(\overset{\langle\langle}{\boldsymbol{F}}\cdot\mathrm{d}\boldsymbol{X}^{\mathrm{I}})\times(\overset{\langle\langle}{\boldsymbol{F}}\cdot\mathrm{d}\boldsymbol{X}^{\mathrm{II}})\cdot(\overset{\langle\langle}{\boldsymbol{F}}\cdot\mathrm{d}\boldsymbol{X}^{\mathrm{III}})}{\mathrm{d}\boldsymbol{X}^{\mathrm{I}}\times\mathrm{d}\boldsymbol{X}^{\mathrm{II}}\cdot\mathrm{d}\boldsymbol{X}^{\mathrm{III}}}\mathrm{d}V = \mathrm{III}(\overset{\langle\langle}{\boldsymbol{F}})\mathrm{d}V = \mathscr{J}\mathrm{d}V.
\end{aligned}
\tag{2.4.16}
$$

同理有

$$
\begin{aligned}
\mathrm{d}V &= (\overset{\rangle\langle}{\boldsymbol{I}}\cdot\mathrm{d}\boldsymbol{X}^{\mathrm{I}})\times(\overset{\rangle\langle}{\boldsymbol{I}}\cdot\mathrm{d}\boldsymbol{X}^{\mathrm{II}})\cdot(\overset{\rangle\langle}{\boldsymbol{I}}\cdot\mathrm{d}\boldsymbol{X}^{\mathrm{III}})\\
&= \frac{(\overset{\rangle\rangle}{\boldsymbol{F}}{}^{-1}\cdot\mathrm{d}\boldsymbol{x}^1)\times(\overset{\rangle\rangle}{\boldsymbol{F}}{}^{-1}\cdot\mathrm{d}\boldsymbol{x}^2)\cdot(\overset{\rangle\rangle}{\boldsymbol{F}}{}^{-1}\cdot\mathrm{d}\boldsymbol{x}^3)}{\mathrm{d}\boldsymbol{x}^1\times\mathrm{d}\boldsymbol{x}^2\cdot\mathrm{d}\boldsymbol{x}^3}\mathrm{d}v = \mathrm{III}(\overset{\rangle\rangle}{\boldsymbol{F}}{}^{-1})\mathrm{d}v = \mathscr{j}\,\mathrm{d}v.
\end{aligned}
\tag{2.4.17}
$$

可见，由于连续性公理 $\mathscr{J}>0(\mathscr{j}>0)$，任意三物质矢量 $\mathrm{d}\boldsymbol{X}^{\mathrm{I}}$，$\mathrm{d}\boldsymbol{X}^{\mathrm{II}}$，$\mathrm{d}\boldsymbol{X}^{\mathrm{III}}$ 的定向在变形过程中保持不变，这也就是物质的不可渗透性；而 $\mathrm{d}V\neq 0\Leftrightarrow \mathrm{d}v\neq 0$ 就是物质的不消失性，它也说明变形梯度的正则性.

现看面元 $\mathrm{d}\overset{\langle}{\boldsymbol{A}}=\mathrm{d}\boldsymbol{X}^{\mathrm{IV}}\times\mathrm{d}\boldsymbol{X}^{\mathrm{V}}$ 的变换关系. 它变形后成为 $\mathrm{d}\overset{\langle}{\boldsymbol{a}}=\mathrm{d}\boldsymbol{x}^4\times\mathrm{d}\boldsymbol{x}^5$. 可先将 $\mathrm{d}\boldsymbol{x}^4$，$\mathrm{d}\boldsymbol{x}^5$ 一起平移至 X 点，取向面积 $\mathrm{d}\overset{\langle}{\boldsymbol{a}}=\mathrm{d}\boldsymbol{x}^4\times\mathrm{d}\boldsymbol{x}^5$ 后再移回 x 点，结果不变，即有

$$
\mathrm{d}\overset{\rangle}{\boldsymbol{a}} = \overset{\rangle\langle}{\boldsymbol{I}}\cdot\mathrm{d}\overset{\langle}{\boldsymbol{a}} = \overset{\rangle\langle}{\boldsymbol{I}}\cdot(\mathrm{d}\overset{\langle}{\boldsymbol{x}}{}^4\times\mathrm{d}\overset{\langle}{\boldsymbol{x}}{}^5) = \overset{\rangle\langle}{\boldsymbol{I}}\cdot[(\overset{\langle\langle}{\boldsymbol{F}}\cdot\mathrm{d}\overset{\langle}{\boldsymbol{X}}{}^{\mathrm{IV}})\times(\overset{\langle\langle}{\boldsymbol{F}}\cdot\mathrm{d}\overset{\langle}{\boldsymbol{X}}{}^{\mathrm{V}})].
$$

方括弧内各几何量均作用于 $\boldsymbol{X}$ 点，根据正则张量的恒等式

$$
(\boldsymbol{B}\cdot\boldsymbol{a})\times(\boldsymbol{B}\cdot\boldsymbol{b}) = \mathrm{III}(\boldsymbol{B})\boldsymbol{B}^{-\mathrm{T}}\cdot(\boldsymbol{a}\times\boldsymbol{b}),
\tag{2.4.18}
$$

我们有

$$
\mathrm{d}\overset{\rangle}{\boldsymbol{a}} = \mathrm{III}(\overset{\langle\langle}{\boldsymbol{F}})\overset{\rangle\langle}{\boldsymbol{I}}\cdot\overset{\langle\langle}{\boldsymbol{F}}{}^{-\mathrm{T}}\cdot(\mathrm{d}\overset{\langle}{\boldsymbol{X}}{}^4\times\mathrm{d}\overset{\langle}{\boldsymbol{X}}{}^5) = \mathscr{J}\overset{\rangle\langle}{\boldsymbol{F}}{}^{-\mathrm{T}}\cdot\mathrm{d}\overset{\langle}{\boldsymbol{A}},
\tag{2.4.19}
$$

即著名的 Nanson 公式，亦即面元变换公式. 同理有

$$
\begin{aligned}
\mathrm{d}\overset{\langle}{\boldsymbol{A}} &= \overset{\langle\rangle}{\boldsymbol{I}}\cdot\mathrm{d}\overset{\rangle}{\boldsymbol{A}} = \overset{\langle\rangle}{\boldsymbol{I}}\cdot(\mathrm{d}\overset{\rangle}{\boldsymbol{X}}{}^4\times\mathrm{d}\overset{\rangle}{\boldsymbol{X}}{}^5) = \overset{\langle\rangle}{\boldsymbol{I}}\cdot[(\overset{\langle\langle}{\boldsymbol{F}}{}^{-1}\cdot\mathrm{d}\boldsymbol{x}^4)\times(\overset{\langle\langle}{\boldsymbol{F}}{}^{-1}\cdot\mathrm{d}\boldsymbol{x}^5)]\\
&= \mathrm{III}(\overset{\langle\langle}{\boldsymbol{F}}{}^{-1})\overset{\langle\rangle}{\boldsymbol{I}}\cdot\overset{\rangle\rangle}{\boldsymbol{F}}{}^{\mathrm{T}}\cdot\mathrm{d}\overset{\rangle}{\boldsymbol{a}} = \mathscr{j}\,\overset{\langle\rangle}{\boldsymbol{F}}{}^{\mathrm{T}}\cdot\mathrm{d}\overset{\rangle}{\boldsymbol{a}}.
\end{aligned}
\tag{2.4.20}
$$

2.5 伸长与旋转

2.5.1 长度比

1. 长度比

在变形体力学里，最重要的是要知道每线元在变形中长度的变化，即邻点间距离的改变，长度比的概念就是描述这种变化的. 变形梯度 $\overset{\rangle\langle}{\boldsymbol{F}}$ 完全确定 $\boldsymbol{X}$ 点任意物质线元 $\mathrm{d}\boldsymbol{X}$ 变形后在空间的形态(包括长度和方向)，由式(2.4.1) 及式(2.4.11)，令 $\mathrm{d}\boldsymbol{X}$ 方向的单位向量为 $\boldsymbol{N}=\dfrac{\mathrm{d}\boldsymbol{X}}{|\mathrm{d}\boldsymbol{X}|}$，可得

$$\mathrm{d}s^2=\mathrm{d}\boldsymbol{x}^2=(\overset{\rangle\langle}{\boldsymbol{F}}\cdot\mathrm{d}\boldsymbol{X})^2=\mathrm{d}\boldsymbol{X}\cdot\overset{\langle\rangle}{\boldsymbol{F}}{}^{\mathrm{T}}\cdot\overset{\rangle\langle}{\boldsymbol{F}}\cdot\mathrm{d}\boldsymbol{X}\equiv\mathrm{d}\boldsymbol{X}\cdot\overset{\langle\langle}{\boldsymbol{C}}\cdot\mathrm{d}\boldsymbol{X},\tag{2.5.1}$$

那么在 $\boldsymbol{N}$ 方向线元的长度比为

$$\begin{aligned}\lambda_N&=\frac{|\mathrm{d}\boldsymbol{x}|}{|\mathrm{d}\boldsymbol{X}|}=\frac{\sqrt{\mathrm{d}s^2}}{|\mathrm{d}\boldsymbol{X}|}=\sqrt{\frac{\mathrm{d}\boldsymbol{X}}{|\mathrm{d}\boldsymbol{X}|}\cdot\overset{\langle\langle}{\boldsymbol{C}}\cdot\frac{\mathrm{d}\boldsymbol{X}}{|\mathrm{d}\boldsymbol{X}|}}\\&=\sqrt{\boldsymbol{N}\cdot\overset{\langle\langle}{\boldsymbol{C}}\cdot\boldsymbol{N}}=|\overset{\langle\langle}{\boldsymbol{C}}{}^{\frac{1}{2}}\cdot\boldsymbol{N}|.\end{aligned}\tag{2.5.2}$$

如果取在 x 的单位矢量 $\boldsymbol{n}=\dfrac{\mathrm{d}\boldsymbol{x}}{|\mathrm{d}\boldsymbol{x}|}$，则又可得

$$\begin{aligned}\lambda_n&=\frac{|\mathrm{d}\boldsymbol{X}|}{|\mathrm{d}\boldsymbol{x}|}=\frac{1}{\sqrt{\dfrac{\mathrm{d}\boldsymbol{x}}{|\mathrm{d}\boldsymbol{x}|}\cdot\overset{\rangle\langle}{\boldsymbol{F}}{}^{-\mathrm{T}}\cdot\overset{\langle\rangle}{\boldsymbol{F}}{}^{-1}\cdot\dfrac{\mathrm{d}\boldsymbol{x}}{|\mathrm{d}\boldsymbol{x}|}}}\equiv\frac{1}{\sqrt{\dfrac{\mathrm{d}\boldsymbol{x}}{|\mathrm{d}\boldsymbol{x}|}\cdot\overset{\rangle\rangle}{\boldsymbol{c}}\cdot\dfrac{\mathrm{d}\boldsymbol{x}}{|\mathrm{d}\boldsymbol{x}|}}}\\&=\frac{1}{\sqrt{\boldsymbol{n}\cdot\overset{\rangle\rangle}{\boldsymbol{c}}\cdot\boldsymbol{n}}}=\frac{1}{|\overset{\rangle\rangle}{\boldsymbol{c}}{}^{\frac{1}{2}}\cdot\boldsymbol{n}|}.\end{aligned}\tag{2.5.3}$$

可见，决定长度比的并不是变形梯度本身，而是由变形梯度派生出来的 $\overset{\langle\langle}{\boldsymbol{C}}$ 和 $\overset{\rangle\rangle}{\boldsymbol{c}}$. 由式(2.4.16) 并考虑到 $\overset{\rangle\langle}{\boldsymbol{F}}$ 的非奇异性，那么 $\overset{\langle\langle}{\boldsymbol{C}}$ 和 $\overset{\rangle\rangle}{\boldsymbol{c}}$ 将是对称正定二阶张量，称为 Green 和 Cauchy 变形张量，对它的进一步讨论以后进行. 常常也采用伸长率(rate of elongation)，它定义为

$$\Delta_N\equiv\frac{|\mathrm{d}\boldsymbol{x}|-|\mathrm{d}\boldsymbol{X}|}{|\mathrm{d}\boldsymbol{X}|}=\lambda_N-1,\ \Delta_n\equiv\lambda_n-1.\tag{2.5.4}$$

如果在 $\boldsymbol{X}$ 点(或 $\boldsymbol{x}$ 点) 任何方向 $\boldsymbol{N}$(或 $\boldsymbol{n}$) 线元的长度保持不变，

$$\lambda_N=1\quad(\Delta_N=0)\quad 或\quad \lambda_n=1\quad(\Delta_n=0),$$

则说，物体在 $\boldsymbol{X}$ 点(或 $\boldsymbol{x}$ 点）的变形为刚性. 反映在变形张量上，刚性变形的充要条件是

$$\overset{\langle\langle}{\boldsymbol{C}}=\overset{\langle\langle}{\boldsymbol{I}} \quad \text{或} \quad \overset{\rangle\rangle}{\boldsymbol{c}}=\overset{\rangle\rangle}{\boldsymbol{I}}.$$

2. 主长度比

代表物质点应变状态的是 Green-Cauchy 变形张量. 一般来说，各个方向物质线元的长度变化是不同的. 要确定长度变化情况，就是要确定长度比 λ_N 的极值问题，从式(2.5.2) 知，它等价于在

$$G_{KL}N^K N^L-1=0 \tag{2.5.5}$$

条件下，$C_{KL}N^K N^L$ 的条件极值问题. 长度比的极值叫主长度比. 我们要找出主长度比及其对应的方向. 为此引入 Lagrange 乘子 C，得取极值的必要条件

$$\frac{\partial}{\partial N^R}[C_{KL}N^K N^L-C(G_{KL}N^K N^L-1)]=0, \tag{2.5.6}$$

即

$$(C_K^R-C\delta_K^R)N^K=0. \tag{2.5.7}$$

这是含三个未知量 N^K 的齐次线性代数方程组，它有非零解的条件——系数行列式为零，就是 $\overset{\langle\langle}{\boldsymbol{C}}$ 的特征方程. 方程组(2.5.7) 的抽象形式为

$$(\overset{\langle\langle}{\boldsymbol{C}}-C\overset{\langle\langle}{\boldsymbol{I}})\cdot\boldsymbol{N}=0. \tag{2.5.8}$$

即在 $\overset{\langle\langle}{\boldsymbol{C}}$ 的主向，长度比取极值. 只要算出 $\overset{\langle\langle}{\boldsymbol{C}}$ 的三个主不变量，即

$$\begin{cases}
\mathrm{I}(\overset{\langle\langle}{\boldsymbol{C}})=\dfrac{1}{1!}\delta_L^K C_{\cdot K}^L=C_{\cdot K}^K, \\
\mathrm{II}(\overset{\langle\langle}{\boldsymbol{C}})=\dfrac{1}{2!}\delta_{LN}^{KM}C_{\cdot K}^L C_{\cdot M}^N, \\
\mathrm{III}(\overset{\langle\langle}{\boldsymbol{C}})=\dfrac{1}{3!}\delta_{LNQ}^{KMP}C_{\cdot K}^L C_{\cdot M}^N C_{\cdot P}^Q=|\ C_{\cdot B}^A\ |.
\end{cases} \tag{2.5.9}$$

就可以得到 $\overset{\langle\langle}{\boldsymbol{C}}$ 的特征方程

$$C^3-\mathrm{I}(\overset{\langle\langle}{\boldsymbol{C}})C^2+\mathrm{II}(\overset{\langle\langle}{\boldsymbol{C}})C-\mathrm{III}(\overset{\langle\langle}{\boldsymbol{C}})=0. \tag{2.5.10}$$

由于 $\overset{\langle\langle}{\boldsymbol{C}}$ 对称正定，故其特征根必定是大于零的正实根. 具体地，将方程(2.5.10) 换元，令

$$C=x+\frac{1}{3}, \tag{2.5.11}$$

得

$$x_3+px+q=0. \tag{2.5.12}$$

其中

$$p = \mathrm{II} - \frac{\mathrm{I}^2}{3}, \quad q = \frac{1}{3}\mathrm{I}\,\mathrm{II} - \frac{2}{27}\mathrm{I}^3 = -\left| C^i_j - \frac{1}{3}\delta^i_j \right|. \tag{2.5.13}$$

既然已知方程(2.5.12) 的三个根都是实根，则其判别式

$$\Delta = \left(\frac{q}{2}\right)^2 + \left(\frac{p}{3}\right)^3 \leqslant 0. \tag{2.5.14}$$

于是可令

$$e^2 = -p = \frac{\mathrm{I}^2}{3} - \mathrm{II}. \tag{2.5.15}$$

这时

$$\Delta = \left(\frac{q}{2}\right)^2 + \left(\frac{e^2}{3}\right)^3. \tag{2.5.16}$$

根据 Cardano 公式，可得方程(2.5.12) 的三个根：

$$x_1 = \frac{2e}{\sqrt{3}}\sin\left(\varphi + \frac{2\pi}{3}\right),\ x_2 = \frac{2e}{\sqrt{3}}\sin\varphi,\ x_3 = \frac{2e}{\sqrt{3}}\sin\left(\varphi - \frac{2\pi}{3}\right),$$

其中

$$\varphi = \frac{1}{3}\arcsin\frac{3\sqrt{3}\,q}{2e^3},\ -\frac{\pi}{6} \leqslant \varphi \leqslant \frac{\pi}{6}, \tag{2.5.17}$$

回代到式(2.5.11) 得

$$\begin{cases} C_{\mathrm{I}} = \dfrac{2e}{\sqrt{3}}\sin\left(\varphi + \dfrac{2\pi}{3}\right) + \dfrac{1}{3}\mathrm{I}, \\ C_{\mathrm{II}} = \dfrac{2e}{\sqrt{3}}\sin\varphi + \dfrac{1}{3}\mathrm{I}, \\ C_{\mathrm{III}} = \dfrac{2e}{\sqrt{3}}\sin\left(\varphi - \dfrac{2\pi}{3}\right) + \dfrac{1}{3}\mathrm{I}. \end{cases} \tag{2.5.18}$$

依据(2.5.18) 中 φ 的变化范围，可知 $C_{\mathrm{I}} \geqslant C_{\mathrm{II}} \geqslant C_{\mathrm{III}} > 0$. 与之对应的方向为相互正交的特征方向 $\boldsymbol{N}_{\mathrm{I}}$，$\boldsymbol{N}_{\mathrm{II}}$，$\boldsymbol{N}_{\mathrm{III}}$，也就是 Green 变形张量 $\overset{\langle\langle}{\boldsymbol{C}}$ 的主向 —— 应变的物质主向. 代回(2.5.2) 到就得到三个主长度比

$$\lambda_{N_K} = \sqrt{\boldsymbol{N}_K \cdot \overset{\langle\langle}{\boldsymbol{C}} \cdot \boldsymbol{N}_K} = \sqrt{C_K \boldsymbol{N}_K \cdot \boldsymbol{N}_K} = \sqrt{C_K}\,(K = \mathrm{I},\ \mathrm{II},\ \mathrm{III}). \tag{2.5.19}$$

用同样步骤考虑 $c_{kl}n^k n^l$，可得 Cauchy 变形张量 $\overset{\rangle\rangle}{\boldsymbol{c}}$ 的三个主值 $c_1 \geqslant c_2 \geqslant c_3$ 和相对应的相互正交的主向 $\boldsymbol{n}_1$，$\boldsymbol{n}_2$，$\boldsymbol{n}_3$. 主长度比为

$$\lambda_{n_k} = \frac{1}{\sqrt{\boldsymbol{n}_k \cdot \overset{\rangle\rangle}{\boldsymbol{c}} \cdot \boldsymbol{n}_k}} = \frac{1}{\sqrt{c_k \boldsymbol{n}_k \cdot \boldsymbol{n}_k}} = \frac{1}{\sqrt{c_k}} \quad (k = 1,\ 2,\ 3). \tag{2.5.20}$$

例 2.2　设材料受剪切变形，x_k 与 X_K 的关系为

$$x^1 = X^{\mathrm{I}},\quad x^2 = X^{\mathrm{II}} + AX^{\mathrm{III}},\quad x^3 = X^{\mathrm{III}} + AX^{\mathrm{II}},$$

式中 A 为常数，X^{I}，X^{II}，X^{III} 和 x^1，x^2，x^3 都是直角坐标.试确定梯度张量和随体坐标系度量张量.

解：可得 Lagrange 表达形式为

$$X^{\mathrm{I}} = x^1,\ X^{\mathrm{II}} = \frac{x^2 - Ax^3}{1-A^2},\ X^{\mathrm{III}} = \frac{x^3 - Ax^2}{1-A^2}.$$

变形梯度的矩阵形式为

$$[\boldsymbol{F}] = (F_{kK}) = \begin{pmatrix} x^1 \\ x^2 \\ x^3 \end{pmatrix}\left(\frac{\partial}{\partial X^{\mathrm{I}}}\quad \frac{\partial}{\partial X^{\mathrm{II}}}\quad \frac{\partial}{\partial X^{\mathrm{III}}}\right) = \begin{bmatrix} \dfrac{\partial x^1}{\partial X^{\mathrm{I}}} & \dfrac{\partial x^1}{\partial X^{\mathrm{II}}} & \dfrac{\partial x^1}{\partial X^{\mathrm{III}}} \\ \dfrac{\partial x^2}{\partial X^{\mathrm{I}}} & \dfrac{\partial x^2}{\partial X^{\mathrm{II}}} & \dfrac{\partial x^2}{\partial X^{\mathrm{III}}} \\ \dfrac{\partial x^3}{\partial X^{\mathrm{I}}} & \dfrac{\partial x^3}{\partial X^{\mathrm{II}}} & \dfrac{\partial x^3}{\partial X^{\mathrm{III}}} \end{bmatrix} = \begin{bmatrix} 1 & 0 & 0 \\ 0 & 1 & A \\ 0 & A & 1 \end{bmatrix}.$$

若设$\{X^K\}$和$\{x^k\}$的基矢量分别为 $\boldsymbol{G}_K(K=\mathrm{I},\ \mathrm{II},\ \mathrm{III})$ 和 $\boldsymbol{e}_k(k=1,\ 2,\ 3)$，则变形梯度张量的并矢形式为

$$\overset{\rangle\langle}{\boldsymbol{F}} = \boldsymbol{x}\overset{\langle}{\nabla} = \boldsymbol{e}_1\boldsymbol{G}_{\mathrm{I}} + \boldsymbol{e}_2\boldsymbol{G}_{\mathrm{II}} + A\boldsymbol{e}_2\boldsymbol{G}_{\mathrm{III}} + A\boldsymbol{e}_3\boldsymbol{G}_{\mathrm{II}} + \boldsymbol{e}_3\boldsymbol{G}_{\mathrm{III}}.$$

其逆的并矢形式为

$$\overset{\langle\rangle}{\boldsymbol{F}}{}^{-1} = \boldsymbol{X}\overset{\rangle}{\nabla} = \boldsymbol{G}_{\mathrm{I}}\boldsymbol{e}_1 + \frac{1}{1-A^2}\boldsymbol{G}_{\mathrm{II}}\boldsymbol{e}_2 - \frac{A}{1-A^2}\boldsymbol{G}_{\mathrm{III}}\boldsymbol{e}_2 - \frac{A}{1-A^2}\boldsymbol{G}_{\mathrm{II}}\boldsymbol{e}_3 + \frac{1}{1-A^2}\boldsymbol{G}_{\mathrm{III}}\boldsymbol{e}_3.$$

其转置的并矢形式为

$$\overset{\langle\rangle}{\boldsymbol{F}}{}^{\mathrm{T}} = \overset{\langle}{\nabla}\overset{\rangle}{\boldsymbol{x}} = \boldsymbol{G}_{\mathrm{I}}\boldsymbol{e}_1 + \boldsymbol{G}_{\mathrm{II}}\boldsymbol{e}_2 + A\boldsymbol{G}_{\mathrm{III}}\boldsymbol{e}_2 + A\boldsymbol{G}_{\mathrm{II}}\boldsymbol{e}_3 + \boldsymbol{G}_{\mathrm{III}}\boldsymbol{e}_3.$$

逆转置为

$$\overset{\rangle\langle}{\boldsymbol{F}}{}^{-\mathrm{T}} = \overset{\rangle}{\nabla}\boldsymbol{X} = \boldsymbol{e}_1\boldsymbol{G}_{\mathrm{I}} + \frac{1}{1-A^2}\boldsymbol{e}_2\boldsymbol{G}_{\mathrm{II}} - \frac{A}{1-A^2}\boldsymbol{e}_2\boldsymbol{G}_{\mathrm{III}} - \frac{A}{1-A^2}\boldsymbol{e}_3\boldsymbol{G}_{\mathrm{II}} + \frac{1}{1-A^2}\boldsymbol{e}_3\boldsymbol{G}_{\mathrm{III}}.$$

注意到张量并乘运算符合处等待数的运算规律，则有

$$\begin{aligned}\overset{\rangle\rangle}{\boldsymbol{c}} &= \overset{\rangle\langle}{\boldsymbol{F}}{}^{-\mathrm{T}}\cdot\overset{\langle\rangle}{\boldsymbol{F}}{}^{-1} = (\overset{\rangle}{\nabla}\boldsymbol{X})\cdot(\boldsymbol{X}\overset{\rangle}{\nabla}) \\ &= \boldsymbol{e}_1\boldsymbol{e}_1 + \frac{1+A^2}{(1-A^2)^2}\boldsymbol{e}_2\boldsymbol{e}_2 - \frac{2A}{(1-A^2)^2}\boldsymbol{e}_2\boldsymbol{e}_3 - \frac{2A}{(1-A^2)^2}\boldsymbol{e}_3\boldsymbol{e}_2 + \frac{1+A^2}{(1-A^2)^2}\boldsymbol{e}_3\boldsymbol{e}_3,\end{aligned}$$

$$\begin{aligned}\overset{\langle\langle}{\boldsymbol{C}} &= \overset{\langle\rangle}{\boldsymbol{F}}{}^{\mathrm{T}}\cdot\overset{\rangle\langle}{\boldsymbol{F}} = (\overset{\langle}{\nabla}\overset{\rangle}{\boldsymbol{x}})\cdot(\boldsymbol{x}\overset{\langle}{\nabla}) \\ &= \boldsymbol{G}_{\mathrm{I}}\boldsymbol{G}_{\mathrm{I}} + (1+A^2)\boldsymbol{G}_{\mathrm{II}}\boldsymbol{G}_{\mathrm{II}} + 2A\boldsymbol{G}_{\mathrm{III}}\boldsymbol{G}_{\mathrm{II}} + 2A\boldsymbol{G}_{\mathrm{II}}\boldsymbol{G}_{\mathrm{III}}(1+A^2)\boldsymbol{G}_{\mathrm{III}}\boldsymbol{G}_{\mathrm{III}},\end{aligned}$$

$$\overset{\overset{-1}{\rangle\rangle}}{\boldsymbol{c}} = \overset{\rangle\langle}{\boldsymbol{F}}\cdot\overset{\langle\rangle}{\boldsymbol{F}}{}^{\mathrm{T}} = (\boldsymbol{x}\overset{\langle}{\nabla})\cdot(\overset{\langle}{\nabla}\boldsymbol{x})$$

$$=\boldsymbol{e}_1\boldsymbol{e}_1+(1+A^2)\boldsymbol{e}_2\boldsymbol{e}_2+2A\boldsymbol{e}_2\boldsymbol{e}_3+2A\boldsymbol{e}_3\boldsymbol{e}_2+(1+A^2)\boldsymbol{e}_3\boldsymbol{e}_3,$$

$$\overset{-1}{\overset{\langle\langle}{\boldsymbol{C}}}=\overset{\langle\rangle}{\boldsymbol{F}}{}^{-1}\cdot\overset{\rangle\langle}{\boldsymbol{F}}{}^{-\mathrm{T}}=(\boldsymbol{X}\overset{\rangle}{\nabla})\cdot(\overset{\rangle}{\nabla}\boldsymbol{X})$$

$$=\boldsymbol{G}_{\mathrm{I}}\boldsymbol{G}_{\mathrm{I}}+\frac{1+A^2}{(1-A^2)^2}\boldsymbol{G}_{\mathrm{II}}\boldsymbol{G}_{\mathrm{II}}-\frac{2A}{(1-A^2)^2}\boldsymbol{G}_{\mathrm{II}}\boldsymbol{G}_{\mathrm{III}}-\frac{2A}{(1-A^2)^2}\boldsymbol{G}_{\mathrm{III}}\boldsymbol{G}_{\mathrm{II}}$$

$$+\frac{1+A^2}{(1-A^2)^2}\boldsymbol{G}_{\mathrm{III}}\boldsymbol{G}_{\mathrm{III}}.$$

2.5.2　角度的改变

设 Θ 是在未变形物体中任意两个方向 $\boldsymbol{N}_{\mathrm{I}}$ 和 $\boldsymbol{N}_{\mathrm{II}}$ 间的夹角，θ 是在变形体中两个相应方向 $\boldsymbol{n}_1$ 和 $\boldsymbol{n}_2$ 间的夹角，见图 2.4.

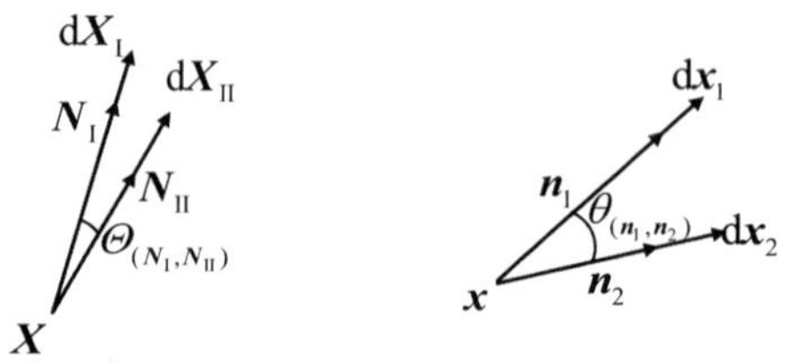

图 2.4　角度的变化

$$\cos\Theta=\frac{\mathrm{d}\boldsymbol{X}_{\mathrm{I}}\cdot\mathrm{d}\boldsymbol{X}_{\mathrm{II}}}{|\mathrm{d}\boldsymbol{X}_{\mathrm{I}}||\mathrm{d}\boldsymbol{X}_{\mathrm{II}}|}=\boldsymbol{N}_{\mathrm{I}}\cdot\boldsymbol{N}_{\mathrm{II}}=\frac{G_{KL}\mathrm{d}X_{\mathrm{I}}^K\mathrm{d}X_{\mathrm{II}}^L}{\mathrm{d}S_{\mathrm{I}}\mathrm{d}S_{\mathrm{II}}}=G_{KL}N_{\mathrm{I}}^KN_{\mathrm{II}}^L=N_{\mathrm{I}}^KN_{\mathrm{II}}^L,\tag{2.5.21}$$

$$\cos\theta=\frac{\mathrm{d}\boldsymbol{x}_1\cdot\mathrm{d}\boldsymbol{x}_2}{|\mathrm{d}\boldsymbol{x}_1||\mathrm{d}\boldsymbol{x}_2|}=\boldsymbol{n}_1\cdot\boldsymbol{n}_2=\frac{(\boldsymbol{F}\cdot\mathrm{d}\boldsymbol{X}_{\mathrm{I}})\cdot(\boldsymbol{F}\cdot\mathrm{d}\boldsymbol{X}_{\mathrm{II}})}{\lambda_{N1}\lambda_{N2}|\mathrm{d}\boldsymbol{X}_{\mathrm{I}}||\mathrm{d}\boldsymbol{X}_{\mathrm{II}}|}$$

$$=\frac{(\boldsymbol{F}\cdot\boldsymbol{N}_{\mathrm{I}})\cdot(\boldsymbol{F}\cdot\boldsymbol{N}_{\mathrm{II}})}{\lambda_{N\mathrm{I}}\lambda_{N\mathrm{II}}}=\frac{\boldsymbol{N}_{\mathrm{I}}\cdot\boldsymbol{F}^{\mathrm{T}}\cdot\boldsymbol{F}\cdot\boldsymbol{N}_{\mathrm{II}}}{\lambda_{N\mathrm{I}}\lambda_{N\mathrm{II}}}=\frac{\boldsymbol{N}_{\mathrm{I}}\cdot\boldsymbol{C}\cdot\boldsymbol{N}_{\mathrm{II}}}{\lambda_{N\mathrm{I}}\lambda_{N\mathrm{II}}}$$

$$=\frac{C_{KL}N_{\mathrm{I}}^KN_{\mathrm{II}}^L}{\lambda_{N\mathrm{I}}\lambda_{N\mathrm{II}}}.\tag{2.5.22}$$

在 $\boldsymbol{N}_{\mathrm{I}}$ 和 $\boldsymbol{N}_{\mathrm{II}}$ 确定的平面内的剪切定义为

$$\Gamma\equiv\Theta-\theta.\tag{2.5.23}$$

于是

$$\sin\Gamma=\sin(\Theta-\theta)=\sin\Theta\cos\theta-\cos\Theta\sin\theta.\tag{2.5.24}$$

(1) 如果 $\boldsymbol{N}_{\mathrm{I}}\perp\boldsymbol{N}_{\mathrm{II}}$，即 $\Theta=\frac{\pi}{2}$，则由式(2.5.24) 有

$$\sin\Gamma=\frac{\boldsymbol{N}_{\mathrm{I}}\cdot\boldsymbol{C}\cdot\boldsymbol{N}_{\mathrm{II}}}{\lambda_{N\mathrm{I}}\lambda_{N\mathrm{II}}}\approx\Gamma=\gamma(\boldsymbol{X},\boldsymbol{N}_{\mathrm{I}},\boldsymbol{N}_{\mathrm{II}}).\tag{2.5.25}$$

若已知 C_{KL} 及 $\boldsymbol{N}_{\mathrm{I}}$，$\boldsymbol{N}_{\mathrm{II}}$，则可计算出 $\boldsymbol{N}_{\mathrm{I}}$ 与 $\boldsymbol{N}_{\mathrm{II}}$ 间的剪切；计算剪切不仅要知道 $\boldsymbol{C}$ 的剪分量 $\boldsymbol{N}_{\mathrm{I}}\cdot\boldsymbol{C}\cdot\boldsymbol{N}_{\mathrm{II}}$，而且要知道 $\boldsymbol{C}$ 的法分量 $\boldsymbol{N}_{\mathrm{I}}\cdot\boldsymbol{C}\cdot\boldsymbol{N}_{\mathrm{I}}$ 及 $\boldsymbol{N}_{\mathrm{II}}\cdot\boldsymbol{C}\cdot\boldsymbol{N}_{\mathrm{II}}$，即 $\lambda_{N\mathrm{I}}$，$\lambda_{N\mathrm{II}}$. 这是有限应变理论与小应变理论的本质区别之一，剪变形受法向拉伸变形的影响.

(2) 如果 $\boldsymbol{N}_{\mathrm{I}}=\boldsymbol{N}_{\mathrm{II}}=\boldsymbol{N}$，则 $\Theta=\theta=0$，则 $\lambda_{N\mathrm{I}}=\lambda_{N\mathrm{II}}$，于是由式(2.5.22)有

$$\cos\theta=1=\cos\Theta=\frac{\boldsymbol{N}\cdot\boldsymbol{C}\cdot\boldsymbol{N}}{\lambda_N^2},\tag{2.5.26}$$

即

$$\lambda_{N\mathrm{I}}=\lambda_{N\mathrm{II}}=\lambda_N=\sqrt{\boldsymbol{N}\cdot\boldsymbol{C}\cdot\boldsymbol{N}}=\left|\boldsymbol{C}^{\frac{1}{2}}\cdot\boldsymbol{N}\right|,$$

这就是式(2.5.2).

例 2.3　设在参考构形中经过物质点 $\boldsymbol{X}$ 的任意两个线元 $\mathrm{d}\boldsymbol{X}_A$ 和 $\mathrm{d}\boldsymbol{X}_B$ 的单位切向矢量分别为 $\boldsymbol{N}_A$ 和 $\boldsymbol{N}_B$，其夹角 θ_0 满足 $\cos\theta_0=\boldsymbol{N}_A\cdot\boldsymbol{N}_B$. 这两个线元经过变形后分别变为 $\mathrm{d}\boldsymbol{x}_\alpha$ 和 $\mathrm{d}\boldsymbol{x}_\beta$，其单位切向矢量 $\boldsymbol{n}_\alpha$ 和 $\boldsymbol{n}_\beta$ 之间的夹角为 θ. 下面计算夹角 θ 所满足的方程.

解：如果 λ_{NK}^2 和 $\boldsymbol{N}_K$ 分别为 $\overset{\langle\langle}{\boldsymbol{C}}$ 的主值和应变物质主向，而 $\boldsymbol{N}_A$ 和 $\boldsymbol{N}_B$ 在单位正交基 $\boldsymbol{N}_K(K=\mathrm{I},\mathrm{II},\mathrm{III})$ 上分别记为 $\boldsymbol{N}_A^K$ 和 $\boldsymbol{N}_B^K$，则有 $\cos\theta_0=\boldsymbol{N}_A^K\cdot\boldsymbol{N}_B^K$. 变形后，线元 $\mathrm{d}\boldsymbol{x}_\alpha$ 和 $\mathrm{d}\boldsymbol{x}_\beta$ 的单位切向矢量分别为

$$\boldsymbol{n}_\alpha=\frac{\mathrm{d}\boldsymbol{x}_\alpha}{|\mathrm{d}\boldsymbol{x}_\alpha|}\ \text{和}\ \boldsymbol{n}_\beta=\frac{\mathrm{d}\boldsymbol{x}_\beta}{|\mathrm{d}\boldsymbol{x}_\beta|},$$

由于 $\mathrm{d}\boldsymbol{x}_\alpha=\boldsymbol{F}\cdot\mathrm{d}\boldsymbol{X}_A$ 和 $|\mathrm{d}\boldsymbol{x}_\alpha|=\lambda_{NA}|\mathrm{d}\boldsymbol{X}_A|$，以及 $\mathrm{d}\boldsymbol{x}_\beta=F\cdot\mathrm{d}\boldsymbol{X}_B$ 和 $|\mathrm{d}\boldsymbol{x}_\beta|=\lambda_{NB}|\mathrm{d}\boldsymbol{X}_B|$，可得

$$\boldsymbol{n}_\alpha=\boldsymbol{F}\cdot\frac{\mathrm{d}\boldsymbol{X}_A}{\lambda_{N_A}|\mathrm{d}\boldsymbol{X}_A|}=\frac{1}{\lambda_{N_A}}\boldsymbol{F}\cdot\boldsymbol{N}_A\ \text{和}\ \boldsymbol{n}_\beta=\boldsymbol{F}\cdot\frac{\mathrm{d}\boldsymbol{X}_B}{\lambda_{NB}|\mathrm{d}\boldsymbol{X}_B|}=\frac{1}{\lambda_{NB}}\boldsymbol{F}\cdot\boldsymbol{N}_B,$$

因此 $\boldsymbol{n}_\alpha$ 和 $\boldsymbol{n}_\beta$ 之间的夹角 θ 满足

$$\begin{aligned}\cos\theta&=\boldsymbol{n}_\alpha\cdot\boldsymbol{n}_\beta=\frac{1}{\lambda_{N_A}\lambda_{NB}}(\boldsymbol{N}_A\cdot\boldsymbol{F}^{\mathrm{T}}\cdot\boldsymbol{F}\cdot\boldsymbol{N}_B)\\&=\frac{1}{\lambda_{N_A}\lambda_{NB}}(\boldsymbol{N}_A\cdot\boldsymbol{C}\cdot\boldsymbol{N}_B)=\frac{1}{\lambda_{N_A}\lambda_{NB}}\sum_{\Gamma=\mathrm{I}}^{\mathrm{III}}\lambda_\Gamma^2N_\Gamma^AN_\Gamma^B,\end{aligned}$$

上式中的 λ_{NA} 和 λ_{NB} 可由(2.5.19)给出.

2.5.3　应变椭球

为了讨论应变椭球问题，考虑线元长度平方

$$\begin{cases}\mathrm{d}S^2=G_{KL}\mathrm{d}X^K\mathrm{d}X^L=c_{kl}\mathrm{d}x^k\mathrm{d}x^l,\\\mathrm{d}s^2=g_{kl}\mathrm{d}x^k\mathrm{d}x^l=C_{KL}\mathrm{d}X^K\mathrm{d}X^L.\end{cases}\tag{2.5.27}$$

在构形 $\mathscr{R}$ 中所有离 $\boldsymbol{X}$ 点距离为 $\mathrm{d}S=P$ 的各点，它们构成以 $\boldsymbol{X}$ 点为心的圆球. 若取 $\boldsymbol{X}$

点为原点的局部仿射坐标系$\{dX^K\}$，则此圆球的方程为

$$G_{KL}dX^K dX^L = P^2, \tag{2.5.28}$$

由(2.5.217) 第一式又有

$$c_{kl}dx^k dx^l = P^2. \tag{2.5.29}$$

这里dx^i就是圆球面上dX^K点变形后在$\boldsymbol{x}$点的局部仿射坐标系$\{dx^i\}$的坐标. 由于c_{ij}是正定二次型的系数，所以就是椭球的方程. 就是说，以$\boldsymbol{X}$点为心的局部圆球总是变形为以$\boldsymbol{x}$点为心的椭球(图 2.5)，称为 Cauchy 应变物质椭球(deformation material ellipsoid).

图 2.5　应变物质椭球

同理，从

$$g_{kl}dx^k dx^l = p^2, \tag{2.5.30}$$

得到

$$C_{KL}dX^K dX^L = p^2, \tag{2.5.31}$$

后者是在构形$\mathscr{R}$以$\boldsymbol{X}$点为心的椭球，叫做 Cauchy 应变空间椭球(deformation space ellipsoid)(图 2.6)，即变形后处在以$\boldsymbol{x}$点为心的圆球面，变形前处在椭球面上.

我们感兴趣的是$\boldsymbol{X}$和$\boldsymbol{x}$点处的这两个无限小圆球半径的正交三元组是如何变形的，而研究这两个椭球之一的基本特征会清楚地阐明物体一点邻域内的变形特征，即物体一点处的局部变形性质. 这些性质由 Cauchy 定理表述.

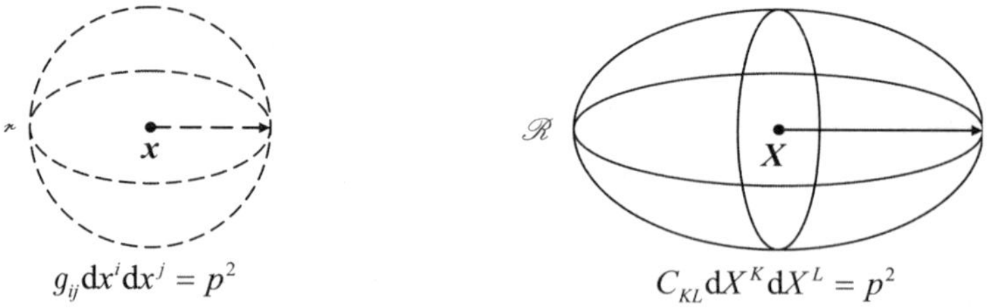

图 2.6　应变空间椭球

Cauchy 定理:$\boldsymbol{X}$点局部小圆球的任意两个互相垂直的直径变形为$\boldsymbol{x}$应变物质椭球的共轭直径.

证明　令在圆球面上取任意两点，使所对应的物质线元 $\mathrm{d}\boldsymbol{X}_{\mathrm{I}}$，$\mathrm{d}\boldsymbol{X}_{\mathrm{II}}$ 互相垂直

$$\mathrm{d}\boldsymbol{X}_{\mathrm{I}} \cdot \mathrm{d}\boldsymbol{X}_{\mathrm{II}} = \mathrm{d}X_{\mathrm{I}}^{K}\boldsymbol{G}_{K} \cdot \mathrm{d}X_{\mathrm{II}}^{L}\boldsymbol{G}_{L} = G_{KL}\mathrm{d}X_{\mathrm{I}}^{K}\mathrm{d}X_{\mathrm{II}}^{L} = 0,$$

于是

$$\begin{aligned}\mathrm{d}\boldsymbol{X}_{\mathrm{I}} \cdot \mathrm{d}\boldsymbol{X}_{\mathrm{II}} &= (\overset{\rangle\langle}{\boldsymbol{F}}{}^{-1} \cdot \mathrm{d}\boldsymbol{x}_{1})^{\mathrm{T}} \cdot (\overset{\rangle\langle}{\boldsymbol{F}}{}^{-1} \cdot \mathrm{d}\boldsymbol{x}_{2}) = \mathrm{d}\boldsymbol{x}_{1} \cdot \overset{\rangle\langle}{\boldsymbol{F}}{}^{-\mathrm{T}} \cdot \overset{\langle\rangle}{\boldsymbol{F}}{}^{-1} \cdot \mathrm{d}\boldsymbol{x}_{2} \\ &= \mathrm{d}\boldsymbol{x}_{1} \cdot \overset{\rangle\rangle}{\boldsymbol{c}} \cdot \mathrm{d}\boldsymbol{x}_{2} = (\overset{\rangle\rangle}{\boldsymbol{c}} \cdot \mathrm{d}\boldsymbol{x}_{1}) \cdot \mathrm{d}\boldsymbol{x}_{2} = (\overset{\rangle\rangle}{\boldsymbol{c}} \cdot \mathrm{d}\boldsymbol{x}_{2}) \cdot \mathrm{d}\boldsymbol{x}_{1}.\end{aligned} \tag{2.5.32}$$

上式表明，在 $\mathrm{d}\boldsymbol{x}_1$ 端点处，矢量 $\overset{\rangle\rangle}{\boldsymbol{c}} \cdot \mathrm{d}\boldsymbol{x}_1$ 与 $\mathrm{d}\boldsymbol{x}_2$ 垂直；在 $\mathrm{d}\boldsymbol{x}_2$ 端点处，矢量 $\overset{\rangle\rangle}{\boldsymbol{c}} \cdot \mathrm{d}\boldsymbol{x}_2$ 与 $\mathrm{d}\boldsymbol{x}_1$ 垂直.

进一步证明，$\overset{\rangle\rangle}{\boldsymbol{c}} \cdot \mathrm{d}\boldsymbol{x}_1$，$\overset{\rangle\rangle}{\boldsymbol{c}} \cdot \mathrm{d}\boldsymbol{x}_2$ 分别是 $\mathrm{d}\boldsymbol{x}_1$，$\mathrm{d}\boldsymbol{x}_2$ 端点处椭球面的梯度矢量，将式微分得

$$c_{kl}\mathrm{d}x^{k}\boldsymbol{g}^{l} \cdot \delta\mathrm{d}x^{m}\boldsymbol{g}_{m} = 0,$$

即

$$(\boldsymbol{c} \cdot \mathrm{d}\boldsymbol{x}) \cdot \delta\mathrm{d}\boldsymbol{x} = 0. \tag{2.5.33}$$

(2.5.32)(2.5.33) 两式表明 $\mathrm{d}\boldsymbol{x}_1$ 与 $\mathrm{d}\boldsymbol{x}_2$ 为应变椭球的共轭直径；在 $\mathrm{d}\boldsymbol{x}_2$ 端点处的椭球梯度(法向) 矢量为 $\overset{\rangle\rangle}{\boldsymbol{c}} \cdot \mathrm{d}\boldsymbol{x}_2$，故 $\mathrm{d}\boldsymbol{x}_1$ 平行于在 $\mathrm{d}\boldsymbol{x}_2$ 端点的切平面. 同样 $\mathrm{d}\boldsymbol{x}_2$ 也平行于 $\mathrm{d}\boldsymbol{x}_1$ 端点的切平面，如图 2.7 所示.

由于任何椭球必有三根互相垂直的共轭直径，称为主轴. 物质应变椭球的主轴就是 Cauchy 变形张量 $\overset{\rangle\rangle}{\boldsymbol{c}}$ 的主方向，也即物质应变主向.

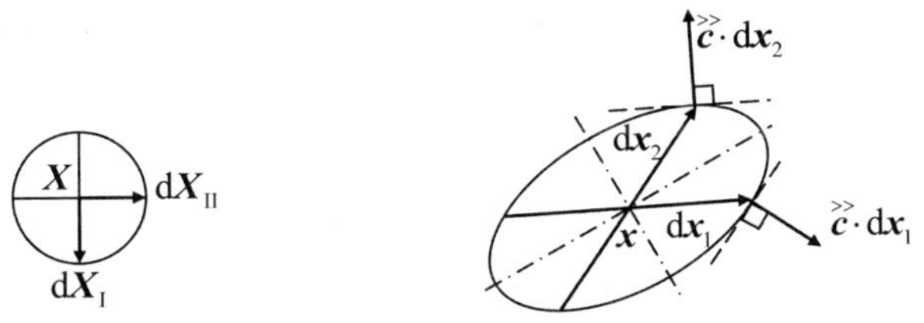

图 2.7　物质应变椭球的共轭直径

因此，在 $\boldsymbol{X}$ 点总有三个互相垂直的方向，变形后仍然互相垂直. 这三个变形后仍然互相垂直的方向就是物质应变椭球的主轴，也就是 $\overset{\rangle\rangle}{\boldsymbol{c}}$ 的主向，称为应变物质主向.

对于空间应变椭球也有类似的情形：$\boldsymbol{X}$ 点空间应变椭球任意两共轭直径变形为 $\boldsymbol{x}$ 点仍然互相垂直，称为应变空间主向.

2.5.4　变形基本定理

以下我们将变形梯度化成为一点张量，然后应用极分解定理来细致分析线元的变形情况. 从物质线元的变换公式可以得到

$$\mathrm{d}\boldsymbol{x}=\overset{\rangle\langle}{\boldsymbol{F}}\cdot\mathrm{d}\boldsymbol{X}\tag{2.5.34}$$

$$=\overset{\rangle\langle}{\boldsymbol{I}}\cdot\overset{\langle\langle}{\boldsymbol{F}}\cdot\mathrm{d}\boldsymbol{X}\tag{2.5.35}$$

$$=\overset{\rangle\rangle}{\boldsymbol{F}}\cdot\overset{\rangle\langle}{\boldsymbol{I}}\cdot\mathrm{d}\boldsymbol{X}.\tag{2.5.36}$$

先对(2.5.35)中的 $\overset{\langle\langle}{\boldsymbol{F}}$ 应用极分解定理

$$\overset{\langle\langle}{\boldsymbol{F}}=(\overset{\langle\langle}{\boldsymbol{F}}\cdot\overset{\langle\langle}{\boldsymbol{F}}{}^{\mathrm{T}})^{\frac{1}{2}}\cdot\overset{\langle\langle}{\boldsymbol{R}}=\overset{\langle\langle}{\boldsymbol{V}}\cdot\overset{\langle\langle}{\boldsymbol{R}}\tag{2.5.37}$$

$$=\overset{\langle\langle}{\boldsymbol{R}}\cdot(\overset{\langle\langle}{\boldsymbol{F}}{}^{\mathrm{T}}\cdot\overset{\langle\langle}{\boldsymbol{F}})^{\frac{1}{2}}=\overset{\langle\langle}{\boldsymbol{R}}\cdot\overset{\langle\langle}{\boldsymbol{U}},\tag{2.5.38}$$

$\overset{\langle\langle}{\boldsymbol{V}}$，$\overset{\rangle\rangle}{\boldsymbol{U}}$ 分别称为左、右伸长张量. 在利用转移张量将和两结果平移至构形 $\varkappa$，又得中的 $\overset{\rangle\rangle}{\boldsymbol{F}}$ 的极分解式

$$\underset{\text{左极分解}}{\overset{\rangle\rangle}{\boldsymbol{F}}=\overset{\rangle\rangle}{\boldsymbol{V}}\cdot\overset{\rangle\rangle}{\boldsymbol{R}}}\quad\text{或}\quad\underset{\text{右极分解}}{\overset{\rangle\rangle}{\boldsymbol{F}}=\overset{\rangle\rangle}{\boldsymbol{R}}\cdot\overset{\rangle\rangle}{\boldsymbol{U}}}.\tag{2.5.39}$$

根据正定对称二阶张量开方的定义①可知 $\mathrm{III}(\overset{\langle\langle}{\boldsymbol{U}})=\sqrt{\mathrm{III}(\overset{\langle\langle}{\boldsymbol{C}})}=\sqrt{\mathrm{III}(\overset{\langle\rangle}{\boldsymbol{F}}{}^{\mathrm{T}}\cdot\overset{\rangle\langle}{\boldsymbol{F}})}$，

$$\mathrm{III}(\overset{\langle\langle}{\boldsymbol{F}})=\mathrm{III}(\overset{\langle\langle}{\boldsymbol{R}}\cdot\overset{\langle\langle}{\boldsymbol{U}})=\mathrm{III}(\overset{\langle\langle}{\boldsymbol{R}})\cdot\mathrm{III}(\overset{\langle\langle}{\boldsymbol{U}}).$$

得

$$\mathrm{III}(\overset{\langle\langle}{\boldsymbol{R}})=\mathrm{III}(\overset{\langle\langle}{\boldsymbol{F}})/\mathrm{III}(\overset{\langle\langle}{\boldsymbol{U}})=1.\tag{2.5.40}$$

可知，正交张量 $\overset{\langle\langle}{\boldsymbol{R}}$ 所表示的是纯转动. 于是物质线元的正变换公式最后可写成

$$\mathrm{d}\boldsymbol{x}=\overset{\rangle\langle}{\boldsymbol{I}}\cdot\overset{\langle\langle}{\boldsymbol{R}}\cdot\overset{\langle\langle}{\boldsymbol{U}}\cdot\mathrm{d}\boldsymbol{X}=\overset{\rangle\rangle}{\boldsymbol{R}}\cdot\overset{\rangle\langle}{\boldsymbol{I}}\cdot\overset{\langle\langle}{\boldsymbol{U}}\cdot\mathrm{d}\boldsymbol{X}=\overset{\rangle\rangle}{\boldsymbol{R}}\cdot\overset{\rangle\rangle}{\boldsymbol{U}}\cdot\overset{\rangle\langle}{\boldsymbol{I}}\cdot\mathrm{d}\boldsymbol{X}\tag{2.5.41}$$

$$\mathrm{d}\boldsymbol{x}=\overset{\rangle\langle}{\boldsymbol{I}}\cdot\overset{\langle\langle}{\boldsymbol{V}}\cdot\overset{\langle\langle}{\boldsymbol{R}}\cdot\mathrm{d}\boldsymbol{X}=\overset{\rangle\rangle}{\boldsymbol{V}}\cdot\overset{\rangle\langle}{\boldsymbol{I}}\cdot\overset{\langle\langle}{\boldsymbol{R}}\cdot\mathrm{d}\boldsymbol{X}=\overset{\rangle\rangle}{\boldsymbol{V}}\cdot\overset{\rangle\rangle}{\boldsymbol{R}}\cdot\overset{\rangle\langle}{\boldsymbol{I}}\cdot\mathrm{d}\boldsymbol{X}\tag{2.5.42}$$

上述公式的文字表达就是变形基本定理(fundamental theory of deformation)：物体在任何点的变形由平移，刚性转动和纯变形复合组成. 三个组成部分复合的次序可以是任意的. 公式和包括了所有 3！种可能复合(图 2.8). 代表平移和刚性转动的转移张量和正交张量在每一种复合中是相同的，而代表纯变形的正定对称张量却取决于相对于转动而言的复合次序. 如果转动在后的情形，纯变形由右伸长张量 $\boldsymbol{U}$ 代表；如果转动在先，则

---

① 正定张量的平方根.

一般地，所谓某个张量的平方根，就是把它平方后成为原来的张量. 设 $\boldsymbol{U}$ 的分量为 $U_{KL}=\boldsymbol{I}_K\cdot\boldsymbol{U}\cdot\boldsymbol{I}_L$，代入到 $\boldsymbol{U}=(\boldsymbol{F}^{\mathrm{T}}\boldsymbol{F})^{\frac{1}{2}}$ 并以分量表示，得到

$$U_{KM}U_{ML}=F_{kK}F_{kL}$$

在给定 $\boldsymbol{F}$ 的场合，这就成为对 6 个未知数 U_{11}，U_{22}，U_{33}，$U_{12}=U_{21}$，$U_{23}=U_{32}$，$U_{31}=U_{13}$ 的六个联立代数方程. 如果将它解出，就求出了平方根 $\boldsymbol{U}$.

由左伸长张量 **V** 代表.

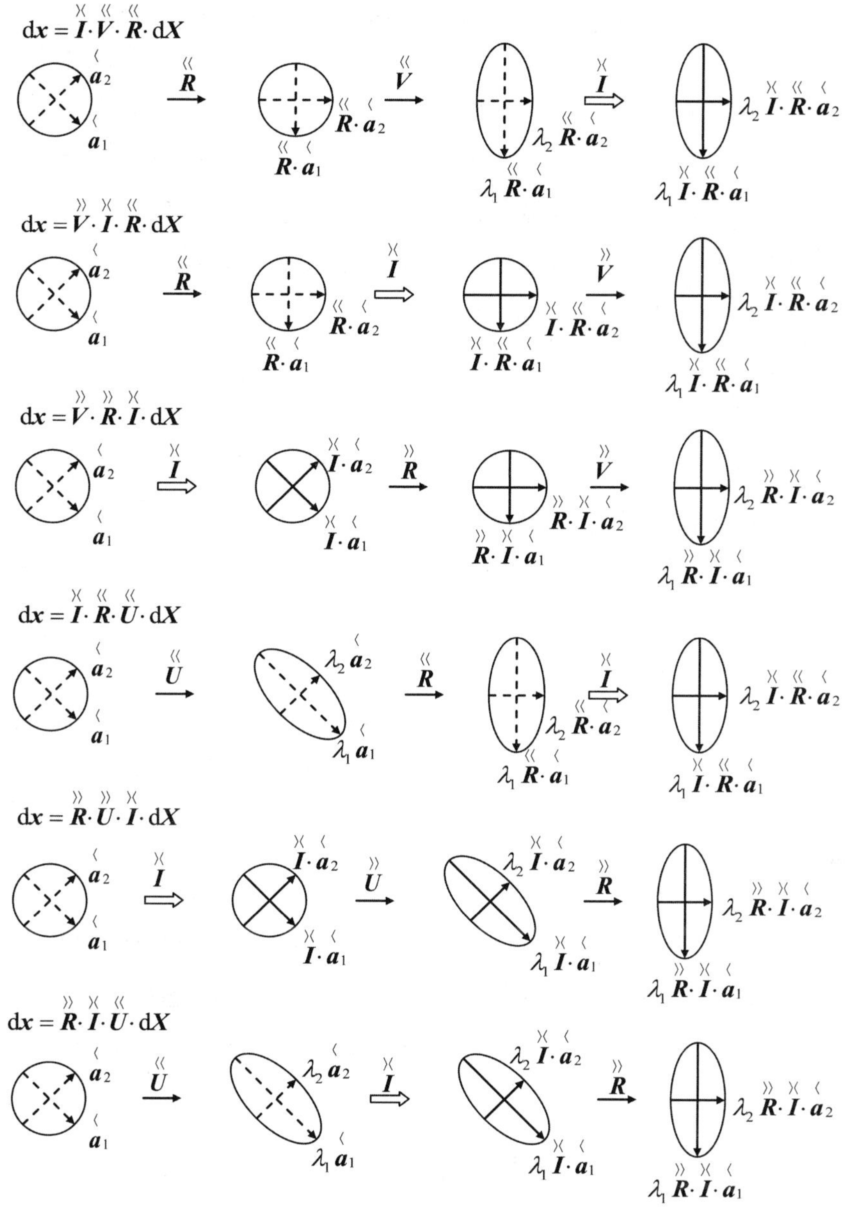

图 2.8　变形的分解(虚线表示参考构形，实线表示现时构形)

右极分解的证明

若 $\boldsymbol{F}=\boldsymbol{R}\cdot\boldsymbol{U}$ 成立，且 $\boldsymbol{R}$ 为正交张量，$\boldsymbol{U}$ 为对称正定张量.

$$\boldsymbol{F}^{\mathrm{T}}=(\boldsymbol{R}\cdot\boldsymbol{U})^{\mathrm{T}}=\boldsymbol{U}^{\mathrm{T}}\cdot\boldsymbol{R}^{\mathrm{T}}=\boldsymbol{U}\cdot\boldsymbol{R}^{\mathrm{T}},$$

则
$$\boldsymbol{F}^{\mathrm{T}}\cdot\boldsymbol{F}=(\boldsymbol{U}\cdot\boldsymbol{R}^{\mathrm{T}})\cdot(\boldsymbol{R}\cdot\boldsymbol{U})=\boldsymbol{U}\cdot\boldsymbol{U}.$$

因为 $\boldsymbol{F}^{\mathrm{T}}\cdot\boldsymbol{F}=\boldsymbol{C}$ 为正定对称的，所以，由 $\boldsymbol{F}$ 可找到 $\boldsymbol{U}$，且 $\boldsymbol{U}$ 为正定对称的.

又 $\boldsymbol{R}=\boldsymbol{F}\cdot\boldsymbol{U}^{-1}$，$\boldsymbol{R}^{\mathrm{T}}=\boldsymbol{U}^{-1}\cdot\boldsymbol{F}^{\mathrm{T}}$，则

$$\boldsymbol{R}^{\mathrm{T}}\cdot\boldsymbol{R}=\boldsymbol{U}^{-1}\cdot\boldsymbol{F}^{\mathrm{T}}\cdot\boldsymbol{F}\cdot\boldsymbol{U}^{-1}=\boldsymbol{U}^{-1}\cdot\boldsymbol{U}\cdot\boldsymbol{U}\cdot\boldsymbol{U}^{-1}=\boldsymbol{I}.$$

于是 $\boldsymbol{R}$ 为正交张量.

右极分解的唯一性.

设 $\boldsymbol{F}=\boldsymbol{R}\cdot\boldsymbol{U}=\boldsymbol{R}'\cdot\boldsymbol{U}'$，则

$$\boldsymbol{U}'=\boldsymbol{R}'^{\mathrm{T}}\cdot\boldsymbol{F}=\boldsymbol{R}'^{\mathrm{T}}\cdot\boldsymbol{R}\cdot\boldsymbol{U},$$

$$\boldsymbol{U}'^{2}=\boldsymbol{U}'\cdot\boldsymbol{U}'=\boldsymbol{U}'^{\mathrm{T}}\cdot\boldsymbol{U}'=(\boldsymbol{U}\cdot\boldsymbol{R}^{\mathrm{T}}\cdot\boldsymbol{R}')(\boldsymbol{R}'^{\mathrm{T}}\cdot\boldsymbol{R}\cdot\boldsymbol{U})=\boldsymbol{U}^{2}.$$

于是 $\boldsymbol{U}'=\boldsymbol{U}$，由此可推得 $\boldsymbol{R}'=\boldsymbol{R}$.

左右极分解中的 $\boldsymbol{R}$ 是相同的.

由 $\boldsymbol{F}=\boldsymbol{R}\cdot\boldsymbol{U}$，且 $\boldsymbol{F}=\boldsymbol{V}\cdot\boldsymbol{R}^{*}$，则

$$\boldsymbol{F}=\boldsymbol{V}\cdot\boldsymbol{R}^{*}=(\boldsymbol{R}^{*}\cdot\boldsymbol{R}^{*\mathrm{T}})\cdot\boldsymbol{V}\cdot\boldsymbol{R}^{*}=\boldsymbol{R}^{*}\cdot(\boldsymbol{R}^{*\mathrm{T}}\cdot\boldsymbol{V}\cdot\boldsymbol{R}^{*}).\tag{2.5.43}$$

上式为右极分解，因为右极分解是唯一的，则

$$\boldsymbol{R}^{*}=\boldsymbol{R}.\tag{2.5.44}$$

2.5.5 变形张量

两点张量变形梯度 $\overset{)(}{\boldsymbol{F}}$，$\overset{()}{\boldsymbol{F}}{}^{-1}$ 是分析变形局部性质的基本量. 因为他们可以完全确定变形前的任何物质线元、面元和体元与变形后的相应的空间线元、面元与体元间的相互关系.

尽管如此，$\overset{)(}{\boldsymbol{F}}$ 本身不适宜于作变形的度量. 因为要作为一种变形的度量应该具有这样的一种特性：当未发生变形时，它不应有变化. 换言之，在刚体运动时，它必须是不变化的. 但变形梯度 $\overset{)(}{\boldsymbol{F}}$ 却不具备这个特性. 事实上，在下列刚体运动中

$$\boldsymbol{x}=\boldsymbol{Q}(t)\cdot\boldsymbol{X}+\boldsymbol{b}(t).$$

其中 $\boldsymbol{b}(t)$ 是与点的位置无关，仅依赖于时间 t 的矢量，$\boldsymbol{Q}(t)$ 是正常正交张量. 于是有

$$\overset{)(}{\boldsymbol{F}}=\frac{\partial\boldsymbol{x}}{\partial\boldsymbol{X}}=\boldsymbol{Q}(t).$$

由此显见，$\overset{)(}{\boldsymbol{F}}$ 是随时间 t 而变化的，这显然不满足上述作为变形度量的要求.

因此，我们将引入一种新的张量 $\boldsymbol{C}$，$\boldsymbol{c}$ 等，它们均是 $\boldsymbol{F}$ 的派生量，可以直接作为变形的度量，故称为变形张量.

由于伸长张量是一个平方根张量，一般用解析的方法求解平方根很不容易，所以引入与它们相当而又便于操作的 Cauchy-Green 变形张量. 根据式(2.5.19) 和式(2.5.20) 定义

$$\overset{\langle\langle}{\boldsymbol{C}} \equiv \overset{\langle\rangle}{\boldsymbol{F}}{}^{\mathrm{T}} \cdot \overset{\rangle\langle}{\boldsymbol{F}} = \boldsymbol{U}^2 \quad \text{(Green 变形张量)}, \tag{2.5.45}$$

$$\overset{\rangle\rangle}{\boldsymbol{c}} \equiv (\boldsymbol{F}^{-1})^{\mathrm{T}} \cdot \boldsymbol{F}^{-1} = \boldsymbol{V}^2 \quad \text{(Cauchy 变形张量)}. \tag{2.5.46}$$

由于不需要进行平方根操作，所以变形往往不用 $\boldsymbol{U}$ 和 $\boldsymbol{V}$，而用 $\boldsymbol{C}$ 和 $\boldsymbol{c}$ 来表示. 其原因是，由下述方程

$$\begin{cases} \boldsymbol{C} \cdot \boldsymbol{\alpha}_K = \boldsymbol{U} \cdot (\boldsymbol{U} \cdot \boldsymbol{\alpha}_K) = \lambda_K \boldsymbol{U} \cdot \boldsymbol{\alpha}_K = \lambda_K^2 \boldsymbol{\alpha}_K, \\ \boldsymbol{c} \cdot \boldsymbol{\beta}_k = \boldsymbol{V} \cdot (\boldsymbol{V} \cdot \boldsymbol{\beta}_k) = \tilde{\lambda}_k \boldsymbol{V} \cdot \boldsymbol{\beta}_k = \tilde{\lambda}_k^2 \boldsymbol{\beta}_k. \end{cases} \tag{2.5.47}$$

知 $\boldsymbol{C}$ 和 $\boldsymbol{c}$ 的主轴分别和 $\boldsymbol{U}$ 和 $\boldsymbol{V}$ 的主轴一致，其主值等于主伸长的平方. 其中 $\boldsymbol{\alpha}_K$，$\boldsymbol{\beta}_K$ 分别为 $\boldsymbol{U}$ 和 $\boldsymbol{V}$ 的特征矢量.

其他的变形张量有

$$\begin{cases} \overset{\langle\langle}{\boldsymbol{C}} = \overset{\langle\rangle}{\boldsymbol{F}}{}^{\mathrm{T}} \cdot \overset{\rangle\langle}{\boldsymbol{F}} = \overset{\langle\langle}{\boldsymbol{F}}{}^{\mathrm{T}} \cdot \overset{\langle\langle}{\boldsymbol{F}}, \\ \overset{\langle\langle}{\boldsymbol{C}}{}^{-1} = \overset{\langle\rangle}{\boldsymbol{F}}{}^{-1} \cdot \overset{\rangle\langle}{\boldsymbol{F}}{}^{-\mathrm{T}} = \overset{\langle\langle}{\boldsymbol{F}}{}^{-1} \cdot \overset{\langle\langle}{\boldsymbol{F}}{}^{-\mathrm{T}}, \\ \overset{\rangle\rangle}{\boldsymbol{c}} = \overset{\rangle\langle}{\boldsymbol{F}}{}^{-\mathrm{T}} \cdot \overset{\langle\rangle}{\boldsymbol{F}}{}^{-1} = \overset{\rangle\rangle}{\boldsymbol{F}}{}^{-\mathrm{T}} \cdot \overset{\rangle\rangle}{\boldsymbol{F}}{}^{-1}, \\ \overset{\rangle\rangle}{\boldsymbol{c}}{}^{-1} = \overset{\rangle\langle}{\boldsymbol{F}} \cdot \overset{\langle\rangle}{\boldsymbol{F}}{}^{\mathrm{T}} = \overset{\rangle\rangle}{\boldsymbol{F}} \cdot \overset{\rangle\rangle}{\boldsymbol{F}}{}^{\mathrm{T}}. \end{cases} \tag{2.5.48}$$

一般分别称 $\overset{\langle\langle}{\boldsymbol{C}}$，$\overset{\langle\langle}{\boldsymbol{C}}{}^{-1}$，$\overset{\rangle\rangle}{\boldsymbol{c}}$，$\overset{\rangle\rangle}{\boldsymbol{c}}{}^{-1}$ 为 Green，Piola，Cauchy，Finger 变形张量.

2.6　应变张量

2.6.1　应变的 Lagrange 描述

对于物质坐标系 $\{X^K\}$ 中任一物质点，可设法计算过该点任意方向线元长度的变化，经过该点的任意两线元夹角的变化以及该点邻域任意面元和体元的变化. 这些变化完全由主长度比 λ_K($K=$ Ⅰ，Ⅱ，Ⅲ）和相应的应变物质主向 $\boldsymbol{N}_K$($K=$ Ⅰ，Ⅱ，Ⅲ）所确定. 因此，任何一个能够确定 λ_K 和 $\boldsymbol{N}_K$ 的张量都可以作为应变的度量，用以描述参考构形中物质点邻域的变形状态. 这样的应变张量可以有无穷多种. Hill 建议，当采用物质描述时，可将应变定义为

$$\boldsymbol{E}_f = f(\lambda_{\mathrm{I}})\boldsymbol{N}_{\mathrm{I}}\boldsymbol{N}_{\mathrm{I}} + f(\lambda_{\mathrm{II}})\boldsymbol{N}_{\mathrm{II}}\boldsymbol{N}_{\mathrm{II}} + f(\lambda_{\mathrm{III}})\boldsymbol{N}_{\mathrm{III}}\boldsymbol{N}_{\mathrm{III}}, \tag{2.6.1}$$

其中 $f(\lambda)$ 是某一给定的单调可微函数，且满足

$$f(1)=0, \quad f'(1)=1, \quad f'(\lambda)>0. \tag{2.6.2}$$

式中的撇号表示对变元的微商. 上式的第一式表示，当第 K 个主长度比为 1 时(即无伸长)，则沿 $\boldsymbol{N}_K$ 方向的应变等于零. 第二式表示在小变形条件下(即在 $\lambda_K=1$ 附近)，式的

应变定义与经典的小变形条件下应变张量的定义相一致，即

$$f(1+\mathrm{d}\lambda)=f(1+\mathrm{d}\lambda)-f(1)=\mathrm{d}f\bigg|_{\lambda=1}=\frac{\mathrm{d}\lambda}{\lambda}\bigg|_{\lambda=1}.$$

上式的最后一式要求，较大的主长度比对应于较大的应变，而且这种对应是一对一的.

特别地，对任意实数 n，可选取

$$f(\lambda)=\frac{1}{2n}(\lambda^{2n}-1). \tag{2.6.3}$$

这时的应变称之为 Seth 应变度量，相应地，式(2.6.1) 成为

$$\boldsymbol{E}^{(n)}=\frac{1}{2n}\sum_{K=\mathrm{I}}^{\mathrm{III}}(\lambda_K^{2n}-1)\boldsymbol{N}_K\boldsymbol{N}_K=\frac{1}{2n}(\boldsymbol{U}^{2n}-\boldsymbol{I}). \tag{2.6.4}$$

式中 $\boldsymbol{E}^{(n)}$ 的特征值和单位特征矢量分别为 $\dfrac{(\lambda_K^{2n}-1)}{2n}$ 和 $\boldsymbol{N}_K(K=\mathrm{I},\mathrm{II},\mathrm{III})$.

(1) 当取 $n=1$ 时

$$\boldsymbol{E}^{(1)}=\frac{1}{2}(\boldsymbol{C}-\boldsymbol{I})=E_{KL}^{(1)}\boldsymbol{N}^K\boldsymbol{N}^L \tag{2.6.5}$$

称为 Green 应变张量，有时记 $\boldsymbol{E}^{(1)}$ 为 $\boldsymbol{E}$(以下使用 $\boldsymbol{E}$ 表示). 其中 $E_{KL}=\dfrac{(C_{KL}-G_{KL})}{2}$ 可用位移分量表示为

$$E_{KL}=\frac{1}{2}(u_{K;L}+u_{L;K}+u_{M;K}u_{M;L}). \tag{2.6.6}$$

在参考构形中，任意线元 $\mathrm{d}\boldsymbol{X}$ 长度平方的该变量可通过 $\boldsymbol{E}$ 表示为

$$\mathrm{d}s^2-\mathrm{d}S^2=\mathrm{d}\boldsymbol{X}\cdot(\boldsymbol{C}-\boldsymbol{I})\cdot\mathrm{d}\boldsymbol{X}=2\mathrm{d}\boldsymbol{X}\cdot\boldsymbol{E}\cdot\mathrm{d}\boldsymbol{X}.$$

若令 $\boldsymbol{N}_0=\dfrac{\mathrm{d}\boldsymbol{X}}{|\mathrm{d}\boldsymbol{X}|}$ 为线元 $\mathrm{d}\boldsymbol{X}$ 的单位切向量，则上式还可写为

$$\frac{\mathrm{d}s^2-\mathrm{d}S^2}{\mathrm{d}S^2}=2\boldsymbol{N}_0\cdot\boldsymbol{E}\cdot\boldsymbol{N}_0,$$

它可用来说明 Green 应变张量的几何意义.

(2) 对于 $n=\dfrac{1}{2}$ 的应变张量

$$\boldsymbol{E}^{(\frac{1}{2})}=\sum_{K=\mathrm{I}}^{\mathrm{III}}(\lambda_K-1)\boldsymbol{N}_K\boldsymbol{N}_K=\boldsymbol{U}-\boldsymbol{I} \tag{2.6.7}$$

称为工程应变或 Biot 应变.

(3) 对于 $n=0$ 的应变可由 $\lim\limits_{n\to0}\dfrac{(\lambda^{2n}-1)}{2n}=\ln\lambda$ 给出

$$\boldsymbol{E}^{(0)}=\sum_{K=\mathrm{I}}^{\mathrm{III}}\ln\lambda_K\boldsymbol{N}_K\boldsymbol{N}_K \tag{2.6.8}$$

称为对数应变，并记作 $\ln\boldsymbol{U}$.

(4) 对应于 $n=-1$ 的应变张量为

$$\boldsymbol{E}^{(-1)}=\frac{1}{2}(\boldsymbol{I}-\boldsymbol{C}^{-1})=E^{-1KL}\boldsymbol{N}_K\boldsymbol{N}_L, \tag{2.6.9}$$

其中 $E^{(-1)KL}=\dfrac{(G^{KL}-C^{-1KL})}{2}$，它与 Green 应变的关系为 $\boldsymbol{E}^{(-1)}=\boldsymbol{U}^{-1}\cdot\boldsymbol{E}^{(1)}\cdot\boldsymbol{U}^{-1}$.

当 $\lambda-1$ 为小量时，$f(\lambda)$ 可在 $\lambda=1$ 处展开为

$$f(\lambda)=(\lambda-1)+\frac{1}{2}f''(1)(\lambda-1)^2+\cdots,$$

特别地，有 $\ln\lambda=(\lambda-1)-\dfrac{1}{2}(\lambda-1)^2+\cdots$，因此，当主长度比 λ_K 与 1 相差很小时，式(2.6.1) 和(2.6.8) 可分别展开为

$$\boldsymbol{E}=(\boldsymbol{U}-\boldsymbol{I})+\frac{1}{2}f''(1)(\boldsymbol{U}-\boldsymbol{I})^2+\cdots,$$

$$\boldsymbol{E}^{(0)}=(\boldsymbol{U}-\boldsymbol{I})-\frac{1}{2}(\boldsymbol{U}-\boldsymbol{I})^2+\cdots.$$

2.6.2　应变的 Euler 描述

以上有关应变的定义是在 Lagrange 描述下给出的. 如果在变形后的当前构形中来刻画某一点邻域的变形状态，则相应的应变度量在 Euler 描述下给出，它的主长度比 $\lambda_k(k=1,2,3)$ 和相应的 Euler 主方向 $\boldsymbol{n}_k(k=1,2,3)$ 所决定的. 与(2.6.1) 相对应，Euler 描述下的应变可定义为

$$\boldsymbol{e}=\sum_{k=1}^{3}f(\lambda_k)\boldsymbol{n}_k\boldsymbol{n}_k, \tag{2.6.10}$$

注意到

$$e=\boldsymbol{R}\cdot\boldsymbol{E}\cdot\boldsymbol{R}^{\mathrm{T}}. \tag{2.6.11}$$

因此，对于 Euler 描述下的应变 $\boldsymbol{e}$，可以作为与 $\boldsymbol{E}$ 完全类似的讨论. 例如，可以定义

$$\boldsymbol{e}^{(n)}=\frac{1}{2n}\sum_{k=1}^{3}(\lambda_k^{2n}-1)\boldsymbol{n}_k\boldsymbol{n}_k=\frac{1}{2n}(\boldsymbol{V}^{2n}-\boldsymbol{I}). \tag{2.6.12}$$

特别地，对应于 $n=1$ 和 $n=-1$，有

$$\boldsymbol{e}^{(1)}=\frac{1}{2}(\boldsymbol{c}^{-1}-\boldsymbol{I})=\frac{1}{2}(c^{-1ij}-g^{ij})\boldsymbol{g}_i\boldsymbol{g}_j, \tag{2.6.13}$$

$$\boldsymbol{e}^{(-1)}=\frac{1}{2}(\boldsymbol{I}-\boldsymbol{c})=\frac{1}{2}(g_{ij}-c_{ij}g^{ij})\boldsymbol{g}^i\boldsymbol{g}^j. \tag{2.6.14}$$

由(2.6.14) 定义的应变称为 Almansi 应变，有时记 $\boldsymbol{e}^{(-1)}$ 为 $\boldsymbol{e}$(以后使用 $\boldsymbol{e}$ 表示). 其分

量用位移分量表示为

$$e_{ij}=\frac{1}{2}(g_{ij}-c_{ij})=\frac{1}{2}(u_{i;j}+u_{j;i}-u_{r;i}u_{r;j}). \tag{2.6.15}$$

注意到式(2.5.45) 和(2.5.46)，Green 应变 $\boldsymbol{E}$ 与 Almansi 应变 $\boldsymbol{e}$ 之间的关系可写为

$$\boldsymbol{E}=\boldsymbol{F}^{\mathrm{T}}\cdot\boldsymbol{e}\cdot\boldsymbol{F},\quad \boldsymbol{e}=(\boldsymbol{F}^{-1})^{\mathrm{T}}\cdot\boldsymbol{E}\cdot\boldsymbol{F}^{-1}. \tag{2.6.16}$$

事实上，由于

$$\begin{aligned}
\mathrm{d}s^2-\mathrm{d}S^2&=\mathrm{d}\boldsymbol{x}\cdot\mathrm{d}\boldsymbol{x}-\mathrm{d}\boldsymbol{X}\cdot\mathrm{d}\boldsymbol{X}=\mathrm{d}\boldsymbol{x}\cdot\mathrm{d}\boldsymbol{x}-(\boldsymbol{F}^{-1}\cdot\mathrm{d}\boldsymbol{x})^{\mathrm{T}}\cdot(\boldsymbol{F}^{-1}\cdot\mathrm{d}\boldsymbol{x})\\
&=\mathrm{d}\boldsymbol{x}\cdot\mathrm{d}\boldsymbol{x}-\mathrm{d}\boldsymbol{x}\cdot\boldsymbol{F}^{-\mathrm{T}}\cdot\boldsymbol{F}^{-1}\cdot\mathrm{d}\boldsymbol{x}=\mathrm{d}\boldsymbol{x}\cdot\mathrm{d}\boldsymbol{x}-\mathrm{d}\boldsymbol{x}\cdot\boldsymbol{c}\cdot\mathrm{d}\boldsymbol{x}\\
&=\mathrm{d}\boldsymbol{x}\cdot(\boldsymbol{I}-\boldsymbol{c})\cdot\mathrm{d}\boldsymbol{x}=2\mathrm{d}\boldsymbol{x}\cdot\boldsymbol{e}\cdot\mathrm{d}\boldsymbol{x}\\
&=(\boldsymbol{F}\cdot\mathrm{d}\boldsymbol{X})^{\mathrm{T}}\cdot(\boldsymbol{I}-\boldsymbol{c})\cdot\boldsymbol{F}\cdot\mathrm{d}\boldsymbol{X}\\
&=\mathrm{d}\boldsymbol{X}\cdot\boldsymbol{F}^{\mathrm{T}}\cdot(\boldsymbol{I}-\boldsymbol{F}^{-\mathrm{T}}\cdot\boldsymbol{F}^{-1})\cdot\boldsymbol{F}\cdot\mathrm{d}\boldsymbol{X}\\
&=\mathrm{d}\boldsymbol{X}\cdot(\boldsymbol{F}^{\mathrm{T}}\cdot\boldsymbol{F}-\boldsymbol{F}^{\mathrm{T}}\cdot\boldsymbol{F}^{-\mathrm{T}}\cdot\boldsymbol{F}^{-1}\cdot\boldsymbol{F})\cdot\mathrm{d}\boldsymbol{X}\\
&=\mathrm{d}\boldsymbol{X}\cdot(\boldsymbol{C}-\boldsymbol{I})\cdot\mathrm{d}\boldsymbol{X}\\
&=2\mathrm{d}\boldsymbol{X}\cdot\boldsymbol{E}\cdot\mathrm{d}\boldsymbol{X}.
\end{aligned}$$

对比之，则可得式(2.6.16). 因此，对于变形后的线元 $\mathrm{d}\boldsymbol{x}$ 的单位切向量 $\boldsymbol{n}_0=\dfrac{\mathrm{d}\boldsymbol{x}}{|\mathrm{d}\boldsymbol{x}|}$，有

$$1-\left(\frac{\mathrm{d}s}{\mathrm{d}S}\right)^2=2\boldsymbol{n}_0\cdot\boldsymbol{e}\cdot\boldsymbol{n}_0,$$

它可用来说明 Almansi 应变的几何意义.

2.7 相容性条件

在三维空间，Green 变形张量 $\boldsymbol{C}$ 有 6 个独立分量 C_{KL}，它们用位移向量 $\boldsymbol{u}$ 的三个分量 U_K 表示为

$$C_{KL}=G_{KL}+U_{K;L}+U_{L;K}+G^{MN}U_{M;K}U_{N;L}. \tag{2.7.1}$$

如果位移向量具有连续的一阶偏导数，代入上式后即可确定变形张量的六个分量. 另一方面，若给定 6 个函数 C_{KL}，则会出现是否存在与这些 C_{KL} 相对应的单值连续位移场的问题. 此时必须求解式(2.7.1) 中 6 个偏微分方程以确定 U_K. 显然确定 3 个未知数 U_K 的 6 个方程构成一个超定方程组，除非满足一定的可积条件，否则就不具有这样的解. 这样的可积条件称为相容性条件(即协调性条件).

确定相容性条件的途径有这样几种. 一是式(2.7.1) 中 6 个方程通过偏导数来消去 U_K 得到. 对于非线性理论来说，此法很烦琐. 一是根据非线性余能变分原理导出. 到目

前为止尚未见到在曲线坐标系中的相容条件. 一是采用 Riemann 定理，由其导出相容性条件.

注意到物体由 $\mathscr{R}$ 到 κ 可用随体坐标 $\{X^K, t\}$ 或 $\{x^k, t_0\}$ 由原来坐标系 $\{X^K\}$ 变为 $\{x^k\}$ 来实现. 于是保持变形连续的条件可表示为：上述坐标变换必须是容许变换，因为容许变换有单值可逆性，而且变换的函数及其一阶偏导数在所考察的域内连续. 进一步说，$\mathscr{R}$ 所在的空间是欧氏空间，经容许变换后 κ 所在的空间也必是欧氏空间. 于是，由 $\mathscr{R}$ 状态到 κ 状态保持连续变形的条件为：κ 状态所在的空间仍旧是欧氏空间. 要保证 κ 状态所在的空间为欧氏空间的条件为：κ 状态的度量张量 g 所构成的 Riemann-Christoffel 张量为零，即 $R_{ijkl}=0$.

Riemann-Christoffel 张量的定义为

$$R_{ijkl}=\frac{1}{2}(g_{il,jk}+g_{jk,il}-g_{ik,jl}-g_{jl,ik})+g^{rs}(\Gamma_{il,r}\Gamma_{jk,s}-\Gamma_{ik,r}\Gamma_{jl,s}), \quad (2.7.2)$$

式中 $\Gamma_{il,r}$ 等表示第一类 Christoffel 符号. 此张量为零是欧氏空间的充要条件.

Riemann-Christoffel 张量满足 Bianchi 恒等式

$$R_{ijkl;m}+R_{ijlm;k}+R_{ijmk;l}=0.$$

上式虽然有 5 个自由指标，但实际上只包含 3 个独立式. 上式可以利用在所研究的点处使所有的 Christoffel 符号都等于零($\Gamma_{ij,k}=0$) 的坐标来证明.

2.7.1　Green 变形张量 *C* 所满足的协调条件

在构形 κ 中以 x^i 为坐标，度量张量为 g_{ij}，g^{ij}；而在随体坐标系 $\{X^K, t\}$ 中，则度量张量为

$$g_{KL}=C_{KL}, \quad g^{KL}=\overset{-1}{C}{}^{KL}. \quad (2.7.3)$$

由式(2.7.2)，由于变形后的物体构形处于欧氏空间中，在构形 κ 中的 Riemann-Christoffel 张量

$$\hat{\boldsymbol{R}}=\hat{R}_{ijkl}\boldsymbol{g}^i\boldsymbol{g}^j\boldsymbol{g}^k\boldsymbol{g}^l=\hat{R}_{KLMN}\boldsymbol{g}^K\boldsymbol{g}^L\boldsymbol{g}^M\boldsymbol{g}^N$$

恒为零，因此，式中的分量必为零，即

$$\begin{aligned}\hat{R}_{ijkl}=&\frac{1}{2}(g_{il,jk}+g_{jk,il}-g_{ik,jl}-g_{jl,ik})\\&+g^{rs}(\hat{\Gamma}_{il,r}\hat{\Gamma}_{jk,s}-\hat{\Gamma}_{ik,r}\hat{\Gamma}_{jl,s})=0,\end{aligned} \quad (2.7.4)$$

$$\begin{aligned}\hat{R}_{KLMN}=&\frac{1}{2}(g_{KN,LM}+g_{LM,KN}-g_{KM,LN}-g_{LN,KM})\\&+g^{RS}(\hat{\Gamma}_{KN,R}\hat{\Gamma}_{LM,S}-\hat{\Gamma}_{KM,R}\hat{\Gamma}_{LN,S})=0,\end{aligned} \quad (2.7.5)$$

式中$\hat{\Gamma}_{KN,R}$等表示在构形$\hat{\ }$中的第一类 Christoffel 符号. 根据式(2.7.3)，式(2.7.5)可写作

$$\hat{R}_{KLMN}=\frac{1}{2}(C_{KN,LM}+C_{LM,KN}-C_{KM,LN}-C_{LN,KM})$$
$$+\overset{-1}{C}{}^{RS}(\hat{\Gamma}_{KN,R}\hat{\Gamma}_{LM,S}-\hat{\Gamma}_{KM,R}\hat{\Gamma}_{LN,S})=0, \qquad (2.7.6)$$

式中

$$\hat{\Gamma}_{KL,M}=\frac{1}{2}(C_{KM,L}+C_{LM,K}-C_{KL,M}).$$

式(2.7.6)称为Green变形张量C_{KL}所满足的协调条件，它包含形式不同的六个方程，但是这六个方程之间满足一定的关系(Bianchi 恒等式).

2.7.2 Cauchy 变形张量 c 所满足的协调条件

在构形R中以X^K为坐标，度量张量为G_{KL}，G^{KL}；而在$\{x^k, t_0\}$坐标系中，则度量张量为

$$G_{KL}=c_{KL}, \quad G^{KL}=\overset{-1}{c}{}^{KL}. \qquad (2.7.7)$$

由式(2.7.2)，由于变形前的物体构形处于欧氏空间中，在构形$\mathscr{R}$中的 Riemann-Christoffel 张量

$$\overset{\mathscr{R}}{\boldsymbol{R}}=\overset{\mathscr{R}}{R}_{KLMN}\boldsymbol{G}^K\boldsymbol{G}^L\boldsymbol{G}^M\boldsymbol{G}^N=\overset{\mathscr{R}}{R}_{ijkl}\boldsymbol{G}^i\boldsymbol{G}^j\boldsymbol{G}^k\boldsymbol{G}^l$$

恒为零，因此，式中的分量必为零，即

$$\overset{\mathscr{R}}{R}_{KLMN}=\frac{1}{2}(G_{KN,LM}+G_{LM,KN}-G_{KM,LN}-G_{LN,KM})$$
$$+G^{RS}(\overset{\mathscr{R}}{\Gamma}_{KN,R}\overset{\mathscr{R}}{\Gamma}_{LM,S}-\overset{\mathscr{R}}{\Gamma}_{KM,R}\overset{\mathscr{R}}{\Gamma}_{LN,S})=0, \qquad (2.7.8)$$

$$\overset{\mathscr{R}}{R}_{ijkl}=\frac{1}{2}(G_{il,jk}+G_{jk,il}-G_{ik,jl}-G_{jl,ik})$$
$$+G^{rs}(\overset{\mathscr{R}}{\Gamma}_{il,r}\overset{\mathscr{R}}{\Gamma}_{jk,s}-\overset{\mathscr{R}}{\Gamma}_{ik,r}\overset{\mathscr{R}}{\Gamma}_{jl,s})=0, \qquad (2.7.9)$$

式中$\overset{\mathscr{R}}{\Gamma}_{il,r}$等表示在构形$\mathscr{R}$中的第一类Christoffel符号. 根据式(2.7.7)，式(2.7.9)可写作

$$\overset{\mathscr{R}}{R}_{ijkl}=\frac{1}{2}(c_{il,jk}+c_{jk,il}-c_{ik,jl}-c_{jl,ik})$$
$$+\overset{-1}{c}{}^{rs}(\overset{\mathscr{R}}{\Gamma}_{il,r}\overset{\mathscr{R}}{\Gamma}_{jk,s}-\overset{\mathscr{R}}{\Gamma}_{ik,r}\overset{\mathscr{R}}{\Gamma}_{jl,s})=0, \qquad (2.7.10)$$

式中

$$\overset{\mathscr{R}}{\Gamma}_{ij,k}=\frac{1}{2}(c_{ik,j}+c_{jk,i}+c_{ij,k}),$$

式(2.7.10) 称为 Green 变形张量 C_{KL} 所满足的协调条件，它包含形式不同的六个方程，但是这六个方程之间满足一定的关系(Bianchi 恒等式).

在已知构形 $\mathscr{R}$ 的条件下，给出变形：$\boldsymbol{x}=\boldsymbol{x}(\boldsymbol{X})$，就可以得到构形 $\boldsymbol{r}$. 反映这两构形度量差异的 Green 或其他应变张量直接就可通过公式

$$C_{KL}=g_{ij}x^{i}_{;K}x^{j}_{;L} \tag{2.7.11}$$

计算出来. 若反过来，已知构形 $\mathscr{R}$，并给出自变量为 X^A 的一个任意对称正定二阶张量函数 $F_{KL}(X^A)$，是否存在这样的构形 $\boldsymbol{r}$，其 Green 应变张量就是 F_{KL} 问题的回答一般是否定的. 因解决这问题等于对下列三个未知量六个方程的偏微分方程组进行积分

$$g_{ij}x^{i}_{;K}x^{j}_{;L}=F_{KL}(X^A). \tag{2.7.12}$$

如果 F_{KL} 不满足积分条件，则解不存在.

物体在 t_0 时从构形 $\mathscr{R}$ 开始运动，随体坐标系也跟着一起运动. 这物体在空间里可采取任何满足连续性公理的存在形式 —— 构形 r. 对应于每一构形 r，随体坐标系在空间留下痕迹$\{X^A, t\}$，其度量张量就是 C_{KL}. 不管 r 是怎样一个(许可)构形，$\{X^A, t\}$ 总是欧氏空间里的曲线坐标系. 基于 C_{KL} 的 Rimann-Christoffel 张量必然恒等于零

$$\begin{aligned}R_{IJKL}=&\frac{1}{2}(C_{IL,JK}+C_{JK,IL}-C_{IK,JL}-C_{JL,IK})\\&+C^{-1RS}(\Gamma_{ILR}\Gamma_{JKS}-\Gamma_{IKR}\Gamma_{JLS})=0,\end{aligned} \tag{2.7.13}$$

其中

$$\Gamma_{IJK}=\frac{1}{2}(C_{JK,I}+C_{KI,J}-C_{IJ,K}). \tag{2.7.14}$$

如果 F_{KL} 代替 C_{KL} 后，条件(2.7.13) 在物体内每点满足，则方程组(2.7.12) 可积. 条件(2.7.13) 称为协调条件(相容性条件).

如果已知的是构形 $\boldsymbol{r}$，并给出自变量为 x^i 的一个对称正定二阶张量函数 $f_{kl}(x^i)$，则存在构形 $\mathscr{R}$ 的充分条件以及相容性条件，归结为基于 Cauchy 应变张量的曲率张量恒为零

$$R_{IJKL}=\frac{1}{2}(c_{il,jk}+c_{jk,il}-c_{ik,jl}-c_{jl,ik})+c^{-1rs}(\Gamma_{ilr}\Gamma_{jks}-\Gamma_{ikr}\Gamma_{jls})=0, \tag{2.7.15}$$

其中

$$\Gamma_{ijk}=\frac{1}{2}(c_{jk,i}+c_{ki,j}-c_{ij,k}). \tag{2.7.16}$$

曲率张量共有 6 个代数独立的分量. 由于 Bianchi 恒等式，这 6 个分量还满足 3 个附加的微分恒等式

$$\epsilon^{mpq}R_{pl[ij;k]}{}^{ijk}=0. \tag{2.7.17}$$

这就使得相容性条件(2.7.13)只是方程组(2.7.12)可积的充分条件而不是必要条件.即构形 κ 的存在并不要求给出的 F_{KL} 在构形 $\mathscr{R}$ 的物体内每点都满足条件(2.7.13).

2.8 参考构形的变换

以前讨论的变形与运动是只有唯一参考构形存在的情形下进行的.现在考虑有关参考变形变换的问题.设 $\boldsymbol{X}_{\mathrm{I}}$，$\boldsymbol{X}_{\mathrm{II}}$ 为物质点 X 分别在参考构形 $\boldsymbol{\kappa}_1$，$\boldsymbol{\kappa}_2$ 中的位置(图 2.9)，

$$\boldsymbol{X}_{\mathrm{I}}=\boldsymbol{\kappa}_1(X),\quad \boldsymbol{X}_{\mathrm{II}}=\boldsymbol{\kappa}_2(X). \tag{2.8.1}$$

由此得出

$$\boldsymbol{X}_{\mathrm{II}}=\boldsymbol{\kappa}_2(\boldsymbol{\kappa}_1^{-1}(\boldsymbol{X}_{\mathrm{I}}))\equiv\boldsymbol{\lambda}(\boldsymbol{X}_{\mathrm{I}}). \tag{2.8.2}$$

关系

$$\boldsymbol{P}\equiv\frac{\partial\boldsymbol{\lambda}(\boldsymbol{X}_{\mathrm{I}})}{\partial\boldsymbol{X}_{\mathrm{I}}}=\frac{\partial\boldsymbol{X}_{\mathrm{II}}}{\partial\boldsymbol{X}_{\mathrm{I}}} \tag{2.8.3}$$

给出了由参考构形 $\boldsymbol{\kappa}_1$ 到参考构形 $\boldsymbol{\kappa}_2$ 的变形梯度.

物质点的运动的两种表述方式

$$\boldsymbol{x}=\boldsymbol{\chi}_{\kappa_1}(\boldsymbol{X}_{\mathrm{I}},t)=\boldsymbol{\chi}_{\kappa_2}(\boldsymbol{X}_{\mathrm{II}},t), \tag{2.8.4}$$

由此运动的变形梯度为

$$\boldsymbol{F}_1=\frac{\partial\boldsymbol{x}}{\partial\boldsymbol{X}_{\mathrm{I}}},\quad \boldsymbol{F}_2=\frac{\partial\boldsymbol{x}}{\partial\boldsymbol{X}_{\mathrm{II}}}. \tag{2.8.5}$$

结合式(2.8.3)，就得到对于参考变形变换的变形梯度的变化公式

$$\boldsymbol{F}_1=\boldsymbol{F}_2\cdot\boldsymbol{P}. \tag{2.8.6}$$

由此可知，即使变换了参考构形，只要确定了它们之间的变形梯度 $\boldsymbol{P}$，运动的变形梯度就唯一确定了.

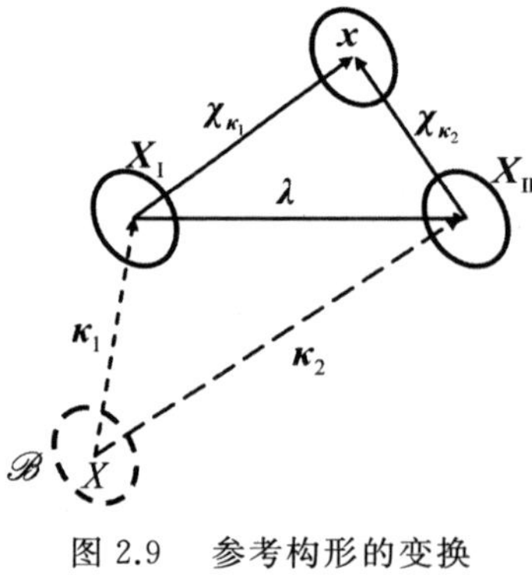

图 2.9　参考构形的变换

2.9　速度梯度 变形率 旋率

由于物体随着时间 t 的变化(例如由于载荷随时间 t 的变化)经历着不同的变形状态，所以必须研究各变形量对时间 t 的变化率.

设已知物体的运动方程

$$\boldsymbol{x}=\boldsymbol{x}(\boldsymbol{X},\ t),\qquad x^k=x^k(X^K,\ t),\tag{2.9.1}$$

速度 $\boldsymbol{v}$ 的定义是对一定的物质点，其矢径对时间的变化率

$$\boldsymbol{v}=\left(\frac{\partial \boldsymbol{x}}{\partial t}\right)_X\equiv\frac{\mathrm{d}\boldsymbol{x}}{\mathrm{d}t},\tag{2.9.2}$$

式中$\left(\dfrac{\partial \boldsymbol{x}}{\partial t}\right)_X$ 表示对于一定物质点 X 对时间求导，称为物质导数(material derivative)，其协变分量形式为

$$\boldsymbol{v}=v^k\boldsymbol{g}_k=\left(\frac{\partial x^k}{\partial t}\right)_X\boldsymbol{g}_k.\tag{2.9.3}$$

通常将保持物质点 $\boldsymbol{X}$ 不变、对时间 t 的偏导数称为物质导数，它表示定义在物质点上、跟随物质点运动的物理量对参数 t 的导数. 在连续介质力学中，物质导数的概念是很重要的，也是经常出现的. 与物质导数对应的是所谓的空间导数(spatial derivative)，对于不同时刻，同一空间位置 $\boldsymbol{x}$ 先后为不同的物质点所占据. 比如，物质点在位置 $\boldsymbol{x}$ 的“换班”速度由矢量

$$\boldsymbol{V}=\left(\frac{\partial \boldsymbol{X}}{\partial t}\right)_x=\boldsymbol{X}_{,K}\left(\frac{\partial X^K}{\partial t}\right)_x=\left(\frac{\partial \boldsymbol{X}}{\partial t}\right)_x\boldsymbol{G}_K=V_K\boldsymbol{G}_K$$

刻画，它作用于 $\mathscr{R}$ 构形的 $\boldsymbol{X}$ 点上. 而 $\boldsymbol{v}$ 则是在构形 $\mathscr{r}(t)$ 上，并作用于 $\boldsymbol{x}(\boldsymbol{X},\ t)$ 的矢量 $\boldsymbol{v}(\boldsymbol{x},\ t)$.

速度梯度(velocity gradients)表示在现时构形 $\mathscr{r}$ 中速度矢量 $\boldsymbol{v}$ 的梯度

$$\overset{\gg}{\boldsymbol{l}}=\overset{>}{\boldsymbol{v}}\overset{>}{\nabla}=v^k_{;l}\boldsymbol{g}_k\boldsymbol{g}^l,\tag{2.9.4}$$

注意，$(\cdots)\overset{>}{\nabla}=\dfrac{\partial(\cdots)}{\partial x^l}\boldsymbol{g}^l$.

对 $\overset{\gg}{\boldsymbol{l}}$ 进行加法分解，分解为对称与反对称张量两部分

$$\overset{\gg}{\boldsymbol{l}}=\overset{\gg}{\boldsymbol{d}}+\overset{\gg}{\boldsymbol{w}},\tag{2.9.5}$$

其中

$$\left\{\begin{aligned}\overset{\gg}{\boldsymbol{d}}&=\frac{1}{2}(\overset{\gg}{\boldsymbol{l}}+\overset{\gg}{\boldsymbol{l}}{}^{\mathrm{T}})=\frac{1}{2}(\overset{>}{\boldsymbol{v}}\overset{>}{\nabla}+\overset{>}{\nabla}\overset{>}{\boldsymbol{v}})=\frac{1}{2}(v^k_{;l}+v^l_{;k})\boldsymbol{g}^k\boldsymbol{g}^l=d_{kl}\boldsymbol{g}^k\boldsymbol{g}^l,\\ \overset{\gg}{\boldsymbol{w}}&=\frac{1}{2}(\overset{\gg}{\boldsymbol{l}}-\overset{\gg}{\boldsymbol{l}}{}^{\mathrm{T}})=\frac{1}{2}(\overset{>}{\boldsymbol{v}}\overset{>}{\nabla}-\overset{>}{\nabla}\overset{>}{\boldsymbol{v}})=\frac{1}{2}(v^k_{;l}-v^l_{;k})\boldsymbol{g}^k\boldsymbol{g}^l=w_{kl}\boldsymbol{g}^k\boldsymbol{g}^l.\end{aligned}\right.\tag{2.9.6}$$

$\overset{\rangle\rangle}{\boldsymbol{d}}$ 为对称张量，称为变形率(rate of deformation) 或应变率(strain rate)，$\overset{\rangle\rangle}{\boldsymbol{w}}$ 为反对称张量，称为旋率(spin) 或物质旋率(material spin). $\overset{\rangle\rangle}{\boldsymbol{l}}$，$\overset{\rangle\rangle}{\boldsymbol{d}}$，$\overset{\rangle\rangle}{\boldsymbol{w}}$ 都是现时构形 $\varkappa(t)$ 中的张量. 有了速度梯度$\overset{\rangle\rangle}{\boldsymbol{l}}$，就可以计算许多变形张量的率，也就是它们的物质导数.

变形梯度 $\overset{\rangle\langle}{\boldsymbol{F}}$ 的物质导数用$\dot{\overset{\rangle\langle}{\boldsymbol{F}}}$ 表示. 由 $\overset{\rangle\langle}{\boldsymbol{F}}$ 的并矢形式，并利用对自变量求导次序可以互换的规则

$$\dot{\overset{\rangle\langle}{\boldsymbol{F}}}=\left(\frac{\partial\overset{\rangle\langle}{\boldsymbol{F}}}{\partial t}\right)_X=\frac{\partial}{\partial t}\left(\frac{\partial x^k}{\partial X_K}\right)\boldsymbol{g}_k\boldsymbol{G}_K=\frac{\partial}{\partial X_K}\left(\frac{\partial x^k}{\partial t}\right)\boldsymbol{g}_k\boldsymbol{G}_K=\frac{\partial v^k}{\partial X_K}\boldsymbol{g}_k\boldsymbol{G}_K. \tag{2.9.7}$$

由于 v^k 常作为 x^k 的函数 $v^k(x^k,t)$ 给出，所以利用复合函数求导公式，上式又可写作

$$\dot{\overset{\rangle\langle}{\boldsymbol{F}}}=\frac{\partial v^k}{\partial x^l}\frac{\partial x^l}{\partial X_K}\boldsymbol{g}_k\boldsymbol{G}_K=\left(\frac{\partial v^k}{\partial x^l}\boldsymbol{g}_k\boldsymbol{g}^l\right)\cdot\left(\frac{\partial x^l}{\partial X_K}\boldsymbol{g}_j\boldsymbol{G}_K\right)=\overset{\rangle\rangle}{\boldsymbol{l}}\cdot\overset{\rangle\langle}{\boldsymbol{F}}, \tag{2.9.8}$$

或

$$\overset{\rangle\rangle}{\boldsymbol{l}}=\dot{\overset{\rangle\langle}{\boldsymbol{F}}}\cdot\overset{\langle\rangle}{\boldsymbol{F}}{}^{-1}, \tag{2.9.9}$$

从

$$0=\dot{\overset{>>}{\boldsymbol{I}}}=\dot{\overline{\overset{\rangle\langle}{\boldsymbol{F}}\cdot\overset{\langle\rangle}{\boldsymbol{F}}{}^{-1}}}=\dot{\overset{\rangle\langle}{\boldsymbol{F}}}\cdot\overset{\langle\rangle}{\boldsymbol{F}}{}^{-1}+\overset{\rangle\langle}{\boldsymbol{F}}\cdot\dot{\overset{\langle\rangle}{\boldsymbol{F}}}{}^{-1}, \tag{2.9.10}$$

得到

$$\begin{aligned}\dot{\overset{\langle\rangle}{\boldsymbol{F}}}{}^{-1}&=-\overset{\langle\rangle}{\boldsymbol{F}}{}^{-1}\cdot\dot{\overset{\rangle\langle}{\boldsymbol{F}}}\cdot\overset{\langle\rangle}{\boldsymbol{F}}{}^{-1}=-\overset{\langle\rangle}{\boldsymbol{F}}{}^{-1}\cdot\overset{\rangle\rangle}{\boldsymbol{l}}\cdot\overset{\rangle\langle}{\boldsymbol{F}}\cdot\overset{\langle\rangle}{\boldsymbol{F}}{}^{-1}=-\overset{\langle\rangle}{\boldsymbol{F}}{}^{-1}\cdot\overset{\rangle\rangle}{\boldsymbol{l}}\\&=-X^A_{;r}v^r_{;i}\boldsymbol{G}_A\otimes\boldsymbol{g}^i.\end{aligned} \tag{2.9.10}$$

对与 $\overset{\rangle\langle}{\boldsymbol{F}}$ 相关的张量求物质导数，结论如下

$$\begin{cases}\dot{\overset{\langle\rangle}{\boldsymbol{F}}}{}^{-1}=-\overset{\langle\rangle}{\boldsymbol{F}}{}^{-1}\cdot\dot{\overset{\rangle\langle}{\boldsymbol{F}}}\cdot\overset{\langle\rangle}{\boldsymbol{F}}{}^{-1}=-\overset{\langle\rangle}{\boldsymbol{F}}{}^{-1}\cdot\overset{\rangle\rangle}{l},\\ \dot{\overset{\langle\rangle}{\boldsymbol{F}}}{}^{\mathrm{T}}=\overset{\langle\rangle}{\boldsymbol{F}}{}^{\mathrm{T}}\cdot\overset{\rangle\langle}{\boldsymbol{F}}{}^{-\mathrm{T}}\cdot\dot{\overset{\langle\rangle}{\boldsymbol{F}}}{}^{\mathrm{T}}=\overset{\langle\rangle}{\boldsymbol{F}}{}^{\mathrm{T}}\cdot\overset{\rangle\rangle}{\boldsymbol{l}}{}^{\mathrm{T}},\\ \dot{\overset{\rangle\langle}{\boldsymbol{F}}}{}^{-\mathrm{T}}=-\overset{\rangle\langle}{\boldsymbol{F}}{}^{-\mathrm{T}}\cdot\dot{\overset{\langle\rangle}{\boldsymbol{F}}}{}^{\mathrm{T}}\cdot\overset{\rangle\langle}{\boldsymbol{F}}{}^{-\mathrm{T}}=-\overset{\rangle\rangle}{\boldsymbol{l}}{}^{\mathrm{T}}\cdot\overset{\rangle\langle}{\boldsymbol{F}}{}^{-\mathrm{T}}.\end{cases} \tag{2.9.11}$$

同样我们也可以对左右 Cauchy-Green 张量求物质导数.

以下我们考虑线元、面元和体元的物质导数.

考虑线元 $\mathrm{d}\boldsymbol{x}$ 的物质导数$\mathrm{d}\dot{\boldsymbol{x}}$(对于一定的物质线元 $\mathrm{d}\boldsymbol{X}$)

$$\mathrm{d}\dot{\boldsymbol{x}}=\dot{\overline{(\overset{\rangle\langle}{\boldsymbol{F}}\cdot\mathrm{d}\boldsymbol{X})}}=\dot{\overset{\rangle\langle}{\boldsymbol{F}}}\cdot\mathrm{d}\boldsymbol{X}.$$

考虑到(2.9.8) 则有

$$\dot{\mathrm{d}}\boldsymbol{x}=\overset{\rangle\rangle}{\boldsymbol{l}}\cdot\mathrm{d}\boldsymbol{x}\,,\tag{2.9.12}$$

上式表明，欲求当前构形中线元 $\mathrm{d}\boldsymbol{x}$ 的物质导数，只需要知道该时刻 t 的速度梯度 $\overset{\rangle\rangle}{\boldsymbol{l}}$，而无需追溯在初始构形中对应于 $\mathrm{d}\boldsymbol{x}$ 的初始线元 $\mathrm{d}\boldsymbol{X}$. 将 $\overset{\rangle\rangle}{\boldsymbol{l}}$ 的分解式(2.9.5) 代入上式，得

$$\dot{\mathrm{d}}\boldsymbol{x}=\overset{\rangle\rangle}{\boldsymbol{d}}\cdot\mathrm{d}\boldsymbol{x}+\overset{\rangle\rangle}{\boldsymbol{w}}\cdot\mathrm{d}\boldsymbol{x}\,,\tag{2.9.13}$$

将对称张量 $\overset{\rangle\rangle}{\boldsymbol{d}}$ 写作主对角形

$$\overset{\rangle\rangle}{\boldsymbol{d}}=d_1(t)\boldsymbol{n}_1^d\boldsymbol{n}_1^d+d_2(t)\boldsymbol{n}_2^d\boldsymbol{n}_2^d+d_3(t)\boldsymbol{n}_3^d\boldsymbol{n}_3^d=\sum_k d_k(t)\boldsymbol{n}_k^d\boldsymbol{n}_k^d.\tag{2.9.14}$$

由 $\overset{\rangle\rangle}{\boldsymbol{d}}$ 的主方向构成的标架$\{\boldsymbol{n}_1^d\boldsymbol{n}_2^d\boldsymbol{n}_3^d\}$ 称为变形率标架. $\boldsymbol{n}_k^d$ 称为变形率标架的基矢量. $\overset{\rangle\rangle}{\boldsymbol{d}}$ 的主值与主方向都是随时间 t 而变化的. 变形率标架与 Lagrange 标架和 Euler 标架是完全不同的标架. 引入正交张量 $\boldsymbol{R}^d$，它表示从固定标架$\{\boldsymbol{e}_{\mathrm{I}}\,\boldsymbol{e}_{\mathrm{II}}\,\boldsymbol{e}_{\mathrm{III}}\}$ 到变形率标架的转动

$$\boldsymbol{n}_k^d=\boldsymbol{R}^d\cdot\boldsymbol{e}_K\,,\quad(k=K)\tag{2.9.15}$$

反对称张量 $\overset{\rangle\rangle}{\boldsymbol{w}}$ 乘以时间增量 $\mathrm{d}t$ 以后，$\overset{\rangle\rangle}{\boldsymbol{w}}\mathrm{d}t$ 代表无限小转动. 由张量分析理论可知，对应于反对称张量 $\overset{\rangle\rangle}{\boldsymbol{w}}$ 一定存在一个反偶矢量 $\overset{\rangle}{\boldsymbol{\omega}}$，使得

$$\begin{cases}\overset{\rangle\rangle}{\boldsymbol{w}}\cdot\mathrm{d}\boldsymbol{x}=\overset{\rangle}{\boldsymbol{\omega}}\times\mathrm{d}\boldsymbol{x}\,,\\ \overset{\rangle}{\boldsymbol{\omega}}=\dfrac{1}{2}\nabla\times\overset{\rangle}{\boldsymbol{v}}=-\dfrac{1}{2}\overset{\rangle\rangle\rangle}{\boldsymbol{\epsilon}}:\overset{\rangle\rangle}{\boldsymbol{w}}.\end{cases}\tag{2.9.16}$$

式中 $\overset{\rangle\rangle\rangle}{\boldsymbol{\epsilon}}$ 为置换张量(三阶). $\overset{\rangle}{\boldsymbol{\omega}}$ 表示旋转角速度. 借助式(2.9.14) 可以看出，式(2.9.13) 中第一项 $\overset{\rangle\rangle}{\boldsymbol{d}}\cdot\mathrm{d}\boldsymbol{x}$ 表示在 $\varkappa(t)$ 构形中 $\boldsymbol{x}$ 点附近沿 $\boldsymbol{n}_k^d(k=1,2,3)$ 方向的线元长度每单位时间增大 $d_k(t)$ 倍而方向不变. 第二项 $\overset{\rangle\rangle}{\boldsymbol{w}}\cdot\mathrm{d}\boldsymbol{x}$ 则表示 $\boldsymbol{x}$ 点附近小邻域以角速度 $\overset{\rangle}{\boldsymbol{\omega}}$ 作刚体转动.

值得注意，Lagrange 标架，Euler 标架以及变形率标架都不是物质的. 它们在这一时刻 t 与某物质线元重合，在下一时刻 $t+\mathrm{d}t$ 则可能与另外的物质线元重合.

关于面元、体元的物质导数参阅郭仲衡《非线性弹性理论》，结论列举如下.

$$\begin{cases}\dot{\mathrm{d}}\boldsymbol{X}=\dot{\mathrm{d}}\boldsymbol{A}=\dot{\mathrm{d}}\boldsymbol{V}=0\,,\\ \dot{\mathrm{d}}\boldsymbol{x}=\overset{\rangle\rangle}{\boldsymbol{l}}\cdot\mathrm{d}\boldsymbol{x}\,,\\ \dot{\mathrm{d}}v=\mathrm{div}\boldsymbol{v}\mathrm{d}v\,,\\ \dot{\mathrm{d}}\overset{\rangle}{\boldsymbol{a}}=\mathscr{J}\overset{\rangle\langle}{\boldsymbol{F}}{}^{-\mathrm{T}}\cdot\mathrm{d}\overset{\langle}{\boldsymbol{A}}+\dot{\mathscr{J}}\overset{\rangle\langle}{\boldsymbol{F}}{}^{-\mathrm{T}}\dot{\boldsymbol{F}}^{-\mathrm{T}}\cdot\mathrm{d}\overset{\langle}{\boldsymbol{A}}\\ \quad=\mathscr{J}(\mathrm{tr}(\overset{\rangle\rangle}{\boldsymbol{l}})\cdot\overset{\rangle\langle}{\boldsymbol{F}}{}^{-\mathrm{T}}-\overset{\rangle\rangle}{\boldsymbol{l}}{}^{\mathrm{T}}\cdot\overset{\rangle\langle}{\boldsymbol{F}}{}^{-\mathrm{T}})\cdot\mathrm{d}\overset{\langle}{\boldsymbol{A}}.\end{cases}\tag{2.9.17}$$

变形率张量 $\overset{\rangle\rangle}{\boldsymbol{d}}$ 在本构理论的研究中起着非常重要的作用. 所有在现时构形 r 中写出的率形式本构关系，都是指变形率张量 $\overset{\rangle\rangle}{\boldsymbol{d}}$ 与某种应力率之间的关系式. 必须指出，变形率张量 $\overset{\rangle\rangle}{\boldsymbol{d}}$ 并不是某一个应变张量的物质导数. 但是 $\overset{\rangle\rangle}{\boldsymbol{d}}$ 与 Green 应变张量的物质导数$\dot{\overset{\langle\langle}{\boldsymbol{E}}}$ 存在着非常重要的关系，推导如下.

先来求 Green 变形张量(右 Cauchy-Green 变形张量)$\overset{\langle\langle}{\boldsymbol{C}}$ 的物质导数. 由式(2.5.45)，求物质导数(即对于一定的物质点 $\boldsymbol{X}$，对时间求导)为

$$\dot{\overset{\langle\langle}{\boldsymbol{C}}}=\overset{\langle\rangle}{\boldsymbol{F}}^{\mathrm{T}}\cdot\dot{\overset{\rangle\langle}{\boldsymbol{F}}}+\dot{\overset{\langle\rangle}{\boldsymbol{F}}}{}^{\mathrm{T}}\cdot\overset{\rangle\langle}{\boldsymbol{F}},$$

由式(2.9.8)、(2.9.11) 以及(2.9.6)，可得

$$\dot{\overset{\langle\langle}{\boldsymbol{C}}}=\overset{\langle\rangle}{\boldsymbol{F}}^{\mathrm{T}}\cdot\overset{\rangle\rangle}{\boldsymbol{d}}\cdot\overset{\rangle\langle}{\boldsymbol{F}},$$

由于 Green 应变张量 $\overset{\langle\langle}{\boldsymbol{E}}$ 的定义为

$$\overset{\langle\langle}{\boldsymbol{E}}=\frac{1}{2}(\overset{\langle\langle}{\boldsymbol{C}}-\overset{\langle\langle}{\boldsymbol{I}}),$$

其中$\overset{\langle\langle}{\boldsymbol{I}}$ 为二阶单位张量. 将上式求物质导数，得到

$$\dot{\overset{\langle\langle}{\boldsymbol{E}}}=\frac{1}{2}\dot{\overset{\langle\langle}{\boldsymbol{C}}}=\frac{1}{2}\overset{\langle\rangle}{\boldsymbol{F}}^{\mathrm{T}}\cdot\overset{\rangle\rangle}{\boldsymbol{d}}\cdot\overset{\rangle\langle}{\boldsymbol{F}}. \tag{2.9.18}$$

此即为$\dot{\overset{\langle\langle}{\boldsymbol{E}}}$ 与 $\overset{\rangle\rangle}{\boldsymbol{d}}$ 之间的重要关系式. 注意 $\overset{\rangle\rangle}{\boldsymbol{d}}$ 是现时构形中 r 的张量，$\dot{\overset{\langle\langle}{\boldsymbol{E}}}$ 是初始构形(参考构形) 中 $\mathscr{R}$ 的张量.

第 3 章　基本定律与应力

3.1　质量守恒定律

设想物体作为物质点的连续致密集合是有质量的. 而且质量是连续分布于物体之中. 因此，可以引入一个连续场量:质量密度 ρ_0 和 ρ，它们分别表示初始构形 $\mathscr{R}$ 与现时构形 $\varkappa$ 中的质量密度(每单位体积的质量).

所谓连续(continuity)，就是说在一切构形中，如果把 $\mathscr{B}$ 的部分 $\mathscr{P}$ 的体积取得充分小，其中所含质量就可成为任意微小的量. 部分 $\mathscr{P}$ 的质量为

$$m(\mathscr{P})=\int_{\mathscr{P}_\chi}\rho\,\mathrm{d}v, \tag{3.1.1}$$

积分是对部分 $\mathscr{P}$ 在构形 $\boldsymbol{\chi}$ 上所占区域取值的.

假定质量 $m(\mathscr{P})$ 对于任意选取的构形始终是不变的. 这就是质量守恒定律. 对于部分 $\mathscr{P}$ 其在参考构形和现时构形之间满足

$$\int_{\mathscr{P}_\kappa}\rho_0\,\mathrm{d}V=\int_{\mathscr{P}_\chi}\rho\,\mathrm{d}v, \tag{3.1.2}$$

由于 Jacobi 行列式 $\mathscr{J}$ 表示体积比，即 $\mathrm{d}v=\mathscr{J}\mathrm{d}V=(\det\boldsymbol{F})\mathrm{d}V$，则式(3.1.2) 可表示为

$$\int_{\mathscr{P}_\kappa}(\rho_0-\rho\mathscr{J})\mathrm{d}V=0, \tag{3.1.3}$$

由于式(3.1.3) 对任意部分都成立，故得质量守恒定律的局部形式

$$\rho_0=\mathscr{J}\rho. \tag{3.1.4}$$

将式(3.1.4) 对时间求导(即求物质导数)，可得率形式的质量守恒律

$$\dot{\rho}+\rho\frac{\dot{\mathscr{J}}}{\mathscr{J}}=0.$$

以下证明

$$\frac{\dot{\mathscr{J}}}{\mathscr{J}}=\mathrm{div}\boldsymbol{v}=\mathrm{tr}\boldsymbol{d}, \tag{3.1.5}$$

式中 div$\boldsymbol{v}$(或记$\overset{\rangle}{\nabla}\cdot\overset{\rangle}{\boldsymbol{v}}$)表示在现时构形$\varkappa$中速度矢量 $\boldsymbol{v}$ 的散度，tr $\overset{\rangle\rangle}{\boldsymbol{d}}$ 为变形率 $\overset{\rangle\rangle}{\boldsymbol{d}}$ 的迹(trace). 从而率形式的质量守恒律可写作

$$\dot{\rho}+\rho\,\mathrm{div}\boldsymbol{v}=0. \tag{3.1.6}$$

先证明一个常用的行列式对其元素求导的公式. 元素 a_{mn}(为简单起见，设 m，n=1，2，3)构成一个矩阵，记作 $\boldsymbol{a}$，其值为 det$\boldsymbol{a}$，元素 a_{mn} 的代数余子式记作 A_{mn}. 将行列式值 det$\boldsymbol{a}$ 看作它的 9 个元素的函数，则显然

$$\frac{\partial\det\boldsymbol{a}}{\partial a_{mn}}=A_{mn}, \tag{3.1.7}$$

矩阵 $\boldsymbol{a}$ 的逆记作 $\boldsymbol{a}^{-1}$，其元素记为$\overset{-1}{a}_{mn}$，由行列式理论①，可知

$$\overset{-1}{a}_{mn}=\frac{1}{\det\boldsymbol{a}}A_{nm}, \tag{3.1.8}$$

从而有

$$\frac{\partial\det\boldsymbol{a}}{\partial a_{mn}}=\det\boldsymbol{a}\ \overset{-1}{a}_{nm}, \tag{3.1.9}$$

式(3.1.9)表示一矩阵的行列式对其每一元素的偏导数等于该行列式值乘以逆矩阵相应的转置元素.

体积比$\mathscr{J}$等于变形梯度 $\overset{\rangle\langle}{\boldsymbol{F}}$ 元素$\dfrac{\partial x_k}{\partial X_K}$ 的行列式

$$\mathscr{J}=\frac{\partial(x^1,\ x^2,\ x^3)}{\partial(X^{\mathrm{I}},\ X^{\mathrm{II}},\ X^{\mathrm{III}})}=\left|\frac{\partial x^k}{\partial X^K}\right|=|F_{kK}|, \tag{3.1.10}$$

式中规定 F_{kK} 的第一指标 k 表示行，第二指标 K 表示列. 由，取 det$\boldsymbol{a}$ 为$\mathscr{J}$，并利用 $\boldsymbol{F}^{-1}$ 的表达式(2.3.7)，可得

$$\frac{\partial\mathscr{J}}{\partial F_{kK}}=\mathscr{J}F^{-1}_{Kk}=\mathscr{J}\frac{\partial X^K}{\partial x^k}. \tag{3.1.11}$$

现在把$\mathscr{J}$看作其 9 个元素 $F_{kK}\left(=\dfrac{\partial x^k}{\partial X^K}\right)$ 的函数，对时间求物质导数$\left(\dfrac{\mathrm{d}}{\mathrm{d}t}=\left(\dfrac{\partial}{\partial t}\right)_{X_K}\right)$

---

① Laplace 定理：在 n 阶行列式 D 中，任意选定 k 列(行)后，则含于此 k 列的所有 k 阶子式与其代数余子式的乘积之和恰好等于 D，即

$$D=M_1A_1+M_2A_2+\cdots+M_sA_s.$$

若 $k=1$，则有

$$D=a_{1j}A_{1j}+a_{2j}A_{2j}+\cdots+a_{sj}A_{sj}.$$

$$\dot{\mathscr{J}}=\frac{\partial\mathscr{J}}{\partial F_{kK}}\frac{\mathrm{d}F_{kK}}{\mathrm{d}t}=\frac{\partial\mathscr{J}}{\partial F_{kK}}\frac{\partial}{\partial t}\left(\frac{\partial x^k}{\partial X^K}\right)=\frac{\partial\mathscr{J}}{\partial F_{kK}}\frac{\partial v^k}{\partial X^K},\tag{3.1.12}$$

将(3.1.11) 代入，得

$$\dot{\mathscr{J}}=\mathscr{J}\frac{\partial X^K}{\partial x^k}\frac{\partial v^k}{\partial X^K}=\mathscr{J}\frac{\partial v^k}{\partial x^k}=\mathscr{J}\mathrm{div}\boldsymbol{v}.\tag{3.1.13}$$

质量密度 ρ 是 $\boldsymbol{x}$ 及 t 的函数，所以

$$\dot{\rho}=\frac{\partial\rho}{\partial t}+\frac{\partial\rho}{\partial x^k}\frac{\partial x^k}{\partial t}=\frac{\partial\rho}{\partial t}+v_k\frac{\partial\rho}{\partial x^k},$$

将上式代入式(3.1.6)，化简后得

$$\frac{\partial\rho}{\partial t}+\mathrm{div}(\rho\boldsymbol{v})=0.\tag{3.1.14}$$

式(3.1.3) 是质量守恒定律的积分形式，而式(3.1.6) 或式(3.1.14) 是质量守恒定律的微分形式.

3.2　应力原理

在建立连续介质的基本定律时，有三种观点，这就是以质点力学、以弹簧、缓冲器模式和以场论为基础的观点. 把质点力学作为基础的观点，从 Newton 以后到二十世纪初期曾经广为流传. 后来，引入了连续介质力学的观点，这就是把有关质点运动的定律扩展到连续介质. 从逻辑上看，这种观点是矛盾的. 质点无论怎么连续也不是连续介质，连续介质无论怎么分隔也不会成为质点. Euler，Cauchy 虽然把连续介质的运动定律公式化了，但他们并不是从质点力学推导出来的，而应该说是通过类推得出的.

在连续介质力学中，考察外力对物体的作用. 一般说来，外力分为两类，一类是连续分布的体力，如重力、磁力等；另一类是通过边界面而施加到物体的表面外力，也称为接触力.

考虑构形 $\boldsymbol{\chi}$ 的部分 $\mathscr{P}$，其边界为 $\partial\mathscr{P}_\chi$. 令 $\boldsymbol{f}$ 是作用在单位质量微元上的体积力密度，而 $\boldsymbol{t}_n$ 是作用于物体边界面上的单位面积的表面外力密度. 体力密度 $\boldsymbol{f}$ 将是现时构形 $\varkappa(t)$ 中物质点的位置 $\boldsymbol{x}$ 及时间 t 的函数

$$\boldsymbol{f}=\boldsymbol{f}(\boldsymbol{x},t),\tag{3.2.1}$$

$\boldsymbol{t}_n$ 与 $\boldsymbol{f}$ 不同，它不仅依赖于作用的位置与时间，而且依赖于作用面的方向，$\boldsymbol{t}_n$ 可表示为

$$\boldsymbol{t}_n=\boldsymbol{t}(\boldsymbol{x},t,\boldsymbol{n}),\tag{3.2.2}$$

式(3.2.2) 所表示的接触力，其中 $\boldsymbol{n}$ 为 $\partial\mathscr{P}_\chi$ 的单位外法线矢量. $\boldsymbol{t}_n$ 叫做应力矢量. 像这样

把作用于 $\mathscr{P}$ 的力分解为体力和接触力，完全是理想化的结果. 从物质结构的观点来考虑，分子间的力是一种近距离相互作用，在把物体看成连续介质的宏观尺度上，上述的分解只有在相互作用距离十分短的情况才有可能. 通常，连续介质力学所研究的就是这种情况.

对于接触力我们有 Cauchy 应力公设，它是使连续介质力学取得成功的关键之一. 下面简述这个公设. 考虑物体的任一部分 $\mathscr{P}$. 在 $\partial\mathscr{P}_\chi$ 上取含点 $\boldsymbol{x}$ 的面元 $\Delta\mathscr{a} \to \{\boldsymbol{x}\}$. 物体的其余部分通过一个具体的 $\Delta\mathscr{a}$ 作用于 $\mathscr{P}_\chi$ 的接触力可归结为作用于点 $\boldsymbol{x}$ 的合力 $\Delta\boldsymbol{t}$ 和合力矩 $\Delta\boldsymbol{m}$. Cauchy 应力定律(Cauchy stress law) 认为:存在下列极限

$$\boldsymbol{t}_n \equiv \lim_{\Delta\mathscr{a}\to\{x\}} \frac{\Delta t}{\Delta\mathscr{a}}, \quad \boldsymbol{m}_n \equiv \lim_{\Delta\mathscr{a}\to\{x\}} \frac{\Delta\boldsymbol{m}}{\Delta\mathscr{a}}. \tag{3.2.3}$$

第一个极限与 $\partial\mathscr{P}_\chi$ 的形状无关，而依赖于 $\partial\mathscr{P}_\chi$ 在点 $\boldsymbol{x}$ 的外法矢量 $\boldsymbol{n}$.（其实，这一点可不必作为公设，Hamel 和 Noll 通过动量平衡律证明了它）. 因此可写成

$$\boldsymbol{t}_n(\boldsymbol{x}, t) \equiv \lim_{\Delta\mathscr{a}\to\{x\}} \frac{\Delta\boldsymbol{t}}{\Delta a}. \tag{3.2.4}$$

接触力表示物体内部相互作用的紧张程度. 物质点在所有方向截面的应力矢量 $\{\boldsymbol{t}_n\}$ 构成该点的应力状态. 正如应变状态的体现者是各种应变张量，应力状态也由各种应力张量刻划. 在连续介质力学中，只考虑非极性理论，所以(3.2.3) 中的第二个极限假设为零.

3.2.1 Cauchy 应力原理

定理(Cauchy 应力存在定理)　若应力矢量 $\boldsymbol{t}_n$ 是 $\boldsymbol{x}$ 的连续函数

$$\boldsymbol{t}_n = \boldsymbol{h}(\boldsymbol{x}, t, \boldsymbol{n}),$$

则 $\boldsymbol{t}_n$ 线性依赖于 $\boldsymbol{n}$. 因此，根据商法则，存在空间张量场 $\overset{\rangle\rangle}{\boldsymbol{\sigma}}$，使得

$$\boldsymbol{t}_n(\boldsymbol{x}, t) = \overset{\rangle\rangle}{\boldsymbol{\sigma}}(\boldsymbol{x}, t) \cdot n. \tag{3.2.5}$$

$\overset{\rangle\rangle}{\boldsymbol{\sigma}}$ 称为 Cauchy 应力张量，它刻划物体每点的应力状态.

Cauchy 应力又称真应力. 它是以现时构形 $\varkappa$ 中的面积为基准来度量的，但请注意在现时构形中的单位面积在参考构形中所对应的就不是单位面积了.

考察图 3.1 所示的微小四面体 $OABC$. 它的三个面平行于坐标面，而第四个面具有法线 $\boldsymbol{n}$. 设第四面的面积为 Δs，则另三个面的三角形面积为 $n_k\Delta s(k=1, 2, 3)$. 四面体四个面的法线分别为 $-\boldsymbol{i}_k$ 和 $\boldsymbol{n}$. 作用于四面体四个面上的应力矢量分别为 $\boldsymbol{t}_n(-\boldsymbol{i}_k)$ 和 $\boldsymbol{t}_n(\boldsymbol{n})$.

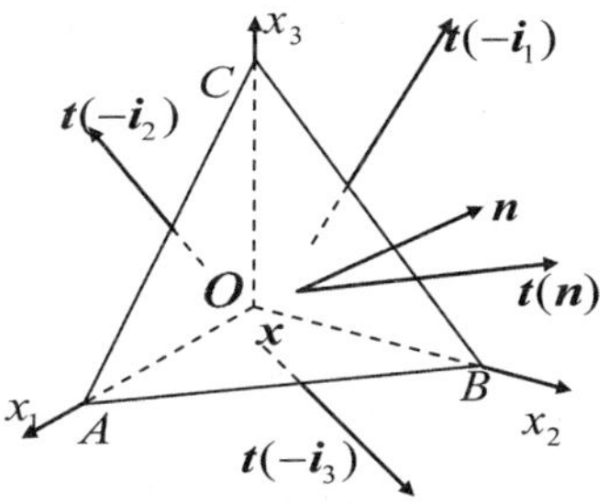

图 3.1　微小四面体与应力矢量

将上述四面体作为前面所述 $\mathscr{P}_\chi$ 来考虑. 假定体积力密度是有界的. 由于体积分与面积分的项分别是四面体的代表长度的三次方与二次方的量，如果考虑四面体充分缩小而取其极限，前者与后者相比，就可以忽略了. 且应力矢量的值也可以近似地取在顶点 $\boldsymbol{x}$ 处的值. 这样一来，将动量守恒定律用到四面体上，我们有

$$\boldsymbol{t}_n(\boldsymbol{n})+n_k\boldsymbol{t}_n(-\boldsymbol{i}_k)=\boldsymbol{t}_n(\boldsymbol{n})+n_1\boldsymbol{t}_n(-\boldsymbol{i}_1)+n_2\boldsymbol{t}_n(-\boldsymbol{i}_2)+n_3\boldsymbol{t}_n(-\boldsymbol{i}_3)=\boldsymbol{0}, \tag{3.2.6}$$

在上式中，令 $\boldsymbol{n}=\boldsymbol{i}_1$，于是就有 $\boldsymbol{t}_n(\boldsymbol{i}_1)+n_k\boldsymbol{t}_n(-\boldsymbol{i}_1)=\boldsymbol{0}$，由于坐标轴的选取是任意的，一般可以得到

$$\boldsymbol{t}(\boldsymbol{x},t,\boldsymbol{n})+n_k\boldsymbol{t}(\boldsymbol{x},t,-\boldsymbol{i}_k)=\boldsymbol{0}, \tag{3.2.7}$$

在式(3.2.7) 中，令 $\boldsymbol{n}=\boldsymbol{i}_k$，于是就有

$$\boldsymbol{t}(\boldsymbol{x},t,\boldsymbol{i}_k)=-\boldsymbol{t}(\boldsymbol{x},t,-\boldsymbol{i}_k),$$

将上式代入式(3.2.7)，由于坐标轴的选取是任意的，一般可以得到

$$\boldsymbol{t}_n=\boldsymbol{t}(\boldsymbol{x},t,\boldsymbol{n})=n_k\boldsymbol{t}(\boldsymbol{x},t,\boldsymbol{i}_k). \tag{3.2.8}$$

现在把作用于第 l 坐标面正向的应力矢量 $\boldsymbol{t}(\boldsymbol{x},t,\boldsymbol{i}_l)$ 分解为坐标轴方向的分量. 设它的 k 分量为 σ_{kl}，即

$$\boldsymbol{t}(\boldsymbol{x},t,\boldsymbol{i}_l)=\sigma_{kl}\boldsymbol{i}_k, \tag{3.2.9}$$

将上式代入式(3.2.8)，得到

$$\boldsymbol{t}_n=\sigma_{kl}\boldsymbol{i}_k n_l=\overset{\rangle\rangle}{\boldsymbol{\sigma}}\cdot\boldsymbol{n}. \tag{3.2.10}$$

至此，Cauchy 应力基本定理得到了证明. 因为 $\boldsymbol{t}_n$ 与 $\boldsymbol{n}$ 是矢量，具有式(3.2.10) 关系的 $\overset{\rangle\rangle}{\boldsymbol{\sigma}}$ 就是二阶张量，得到它的分量为

$$\sigma_{kl}=\boldsymbol{i}_k\cdot\overset{\rangle\rangle}{\boldsymbol{\sigma}}\cdot\boldsymbol{i}_l, \tag{3.2.11}$$

把 $\overset{\rangle\rangle}{\boldsymbol{\sigma}}$ 称作 Cauchy 应力张量.

必须注意到应力张量是与法线无关的. 在物体中存在着应力张量场，由关系式(3.2.5)，就能够求出在任何场所与时间作用于任意面上的接触力.

而对于式(3.2.8)，考虑在物体中的界面 $\partial\mathscr{P}_{\chi}$. 它把物体分为正侧与负侧，正侧的外法线是 $\boldsymbol{n}$，负侧的是 $-\boldsymbol{n}$. 作用于正侧的应力矢量是 $\boldsymbol{t}_n(\boldsymbol{n})$，而 $\boldsymbol{t}_n(-\boldsymbol{n})$ 则作用于负侧. 关系式(3.2.8) 表明，这两者大小相等，方向相反. 这称作 Cauchy 辅助定理.

3.2.2　其他应力

第一类 P-K(Piola-Kirchhoff) 应力张量 $\overset{\rangle\langle}{\boldsymbol{P}}$

第一类 Piola-Kirchhoff 应力又称名义应力. $\varkappa$ 构形中的面元矢量 $\mathrm{d}\boldsymbol{a}$ 对应于参考构形 $\mathscr{R}$ 中的面元矢量 $\mathrm{d}\boldsymbol{A}$，$\mathrm{d}\boldsymbol{a}$ 与 $\mathrm{d}\boldsymbol{A}$ 满足 Nanson 公式(2.3.24). 如果已知参考构形 $\mathscr{R}$ 中的面元 $\mathrm{d}\boldsymbol{A}$，欲求它所对应的在现时构型 $\varkappa$ 中的面元 $\mathrm{d}a$ 上作用的内力，则可利用 Nanson 公式得到

$$\overset{\rangle\rangle}{\boldsymbol{\sigma}}\cdot\mathrm{d}\overset{\rangle}{\boldsymbol{a}}=\overset{\rangle\rangle}{\boldsymbol{\sigma}}\cdot\mathscr{J}\overset{\rangle\langle}{\boldsymbol{F}}{}^{-\mathrm{T}}\cdot\mathrm{d}\overset{\langle}{\boldsymbol{A}}=\mathscr{J}\overset{\rangle\rangle}{\boldsymbol{\sigma}}\cdot\overset{\rangle\langle}{\boldsymbol{F}}{}^{-\mathrm{T}}\cdot\mathrm{d}\overset{\langle}{\boldsymbol{A}},\tag{3.2.12}$$

或记作

$$\overset{\rangle\rangle}{\boldsymbol{\sigma}}\cdot\mathrm{d}\overset{\rangle}{\boldsymbol{a}}=\overset{\rangle\langle}{\boldsymbol{P}}\cdot\mathrm{d}\overset{\langle}{\boldsymbol{A}}.\tag{3.2.13}$$

式中

$$\overset{\rangle\langle}{\boldsymbol{P}}=\mathscr{J}\overset{\rangle\rangle}{\boldsymbol{\sigma}}\cdot\overset{\rangle\langle}{\boldsymbol{F}}{}^{-\mathrm{T}}.\tag{3.2.14}$$

$\overset{\rangle\langle}{\boldsymbol{P}}$ 称为第一类 Piola-Kirchhoff 应力. 由式(3.2.12) 可见，当已知参考构形 $\mathscr{R}$ 中的面元 $\mathrm{d}A$，$\overset{\rangle\langle}{\boldsymbol{P}}\cdot\mathrm{d}\overset{\langle}{\boldsymbol{A}}$ 就是实际作用在现时构形 $\varkappa$ 构形中的面元 $\mathrm{d}a$ 上的力. 注意，这个力不是作用在 $\mathrm{d}A$ 上. 例如，若取 $\mathscr{R}$ 为自然状态，$\mathrm{d}A$ 上根本没有任何内力作用. 但第一类 Piola-Kirchhoff 应力 $\overset{\rangle\langle}{\boldsymbol{P}}$ 是以参考构形 $\mathscr{R}$ 中的每单位面积为基准来折算的. 考虑到式(2. 3. 11)，即 $\mathrm{d}\boldsymbol{X}=\boldsymbol{F}^{-1}\cdot\mathrm{d}\boldsymbol{x}=\mathrm{d}\boldsymbol{x}\cdot\boldsymbol{F}^{-\mathrm{T}}$，代入到式(3.2.14) 可得

$$\overset{\rangle\langle}{\boldsymbol{P}}=\mathscr{J}(\sigma_{ij}\boldsymbol{g}_i\boldsymbol{g}_j)\cdot\left(\frac{\partial X^K}{\partial x^k}\boldsymbol{g}_k\boldsymbol{G}_K\right)=P_{iK}\boldsymbol{g}_i\boldsymbol{G}_K.\tag{3.2.15}$$

式中

$$P_{iK}=\mathscr{J}\sigma_{ij}\frac{\partial X^K}{\partial x^k}.\tag{3.2.16}$$

式(3.2.16) 就是式(3.2.14) 的分量形式. $\overset{\rangle\langle}{\boldsymbol{P}}$ 是两点张量. P_{iK} 表示作用在原构形 R 中曾经是垂直于 X_K 的单位面积而在现时构形 $\varkappa$ 中已非单位面积上的内力沿 x_i 方向的分量. 作为两点张量 $\overset{\rangle\langle}{\boldsymbol{P}}$ 的分量，P_{iK} 已无所谓对称性.

引入 Kirchhoff 应力张量

$$\overset{\rangle\rangle}{\boldsymbol{\tau}}=\mathscr{J}\overset{\rangle\rangle}{\boldsymbol{\sigma}}.\tag{3.2.17}$$

$\overset{\rangle\rangle}{\boldsymbol{\tau}}$ 与 $\overset{\rangle\rangle}{\boldsymbol{\sigma}}$ 一样，也是对称张量. 显然

$$\overset{\rangle\langle}{\boldsymbol{P}}=\overset{\rangle\rangle}{\boldsymbol{\tau}}\cdot\overset{\rangle\langle}{\boldsymbol{F}}{}^{-\mathrm{T}},\tag{3.2.18}$$

其分量形式为

$$P_{iK}=\tau_{ij}\frac{\partial X^K}{\partial x^j}.\tag{3.2.19}$$

第二类 P-K(Piola-Kirchhoff) 应力 $\overset{\langle\langle}{\boldsymbol{T}}$

构造一个新的应力张量 $\overset{\langle\langle}{\boldsymbol{T}}$ 为

$$\overset{\langle\langle}{\boldsymbol{T}}=\overset{\langle\rangle}{\boldsymbol{F}}{}^{-1}\cdot\overset{\rangle\langle}{\boldsymbol{P}}.\tag{3.2.20}$$

显然

$$\begin{aligned}\overset{\langle\langle}{\boldsymbol{T}}=\overset{\langle\rangle}{\boldsymbol{F}}{}^{-1}\cdot\overset{\rangle\rangle}{\boldsymbol{\tau}}\cdot\overset{\rangle\langle}{\boldsymbol{F}}{}^{-\mathrm{T}}&=\left(\frac{\partial X^K}{\partial x^i}\boldsymbol{G}_K\boldsymbol{g}_i\right)\cdot(\tau_{jk}\boldsymbol{g}_j\boldsymbol{g}_k)\cdot\left(\frac{\partial X^L}{\partial x^l}\boldsymbol{g}_l\boldsymbol{G}_L\right)\\&=\tau_{ij}\frac{\partial X^K}{\partial x^i}\frac{\partial X^L}{\partial x^j}\boldsymbol{G}_K\boldsymbol{G}_L,\end{aligned}\tag{3.2.21}$$

$\overset{\langle\langle}{\boldsymbol{T}}$ 也是对称张量.

可见作用于现时构形 $\mathscr{r}$ 中面元 $\mathrm{d}\overset{\rangle}{\boldsymbol{a}}$ 上的内力可以有三种表示方法

$$\overset{\rangle\rangle}{\boldsymbol{\sigma}}\cdot\mathrm{d}\overset{\rangle}{\boldsymbol{a}}=\overset{\rangle\langle}{\boldsymbol{P}}\cdot\mathrm{d}\overset{\langle}{\boldsymbol{A}}=\overset{\rangle\langle}{\boldsymbol{F}}\cdot\overset{\langle\langle}{\boldsymbol{T}}\cdot\mathrm{d}\overset{\langle}{\boldsymbol{A}}.\tag{3.2.22}$$

由式(3.2.22)可以看到，如果已知 $\mathrm{d}\overset{\langle}{\boldsymbol{A}}$，欲求现时构形 $\mathscr{r}$ 中作用 $\mathrm{d}\overset{\rangle}{\boldsymbol{a}}$ 在上的内力，可以用第一类 P-K 应力 $\overset{\rangle\langle}{\boldsymbol{P}}$ 直接点乘 $\mathrm{d}\overset{\langle}{\boldsymbol{A}}$，也可以先用第二类 P-K 应力 $\overset{\langle\langle}{\boldsymbol{T}}$ 点乘 $\mathrm{d}\overset{\langle}{\boldsymbol{A}}$，然后还必须做一个类似于线元的变换，即用 $\overset{\rangle\langle}{\boldsymbol{F}}$ 去点乘($\overset{\langle\langle}{\boldsymbol{T}}\cdot\mathrm{d}\overset{\langle}{\boldsymbol{A}}$)才能得到作用在 $\mathrm{d}\overset{\rangle}{\boldsymbol{a}}$ 上的内力.

设第二类 Piola-Kirchhoff 应力张量 $\overset{\langle\langle}{\boldsymbol{T}}$ 在 Lagrange 直角坐标系中的分解式为(3.2.21). 如图 3.2(a) 所示，在初始构形 $\mathscr{R}$ 中取一个以单位基矢量 $\boldsymbol{G}_K$($K=\mathrm{I}$，II，III)为边的正立方体. 由线元变换公式(2.4.1)，变形以后，这个正方体变成一个在现时构形 $\mathscr{r}$ 中的平行六面体(图 3.2(b))，其三个边为

$$\hat{\boldsymbol{G}}_K=\overset{\rangle\langle}{\boldsymbol{F}}\cdot\boldsymbol{G}_K.\quad(K=\mathrm{I},\mathrm{II},\mathrm{III})\tag{3.2.23}$$

欲求作用在图 3.2(b) 平行六面体的六个面上的内力，只需求右、前、上侧的三个面(称为正面)上的内力，则各与它们大小相等，方向相反. 图 3.2(a) 正立方体的各面为单位面积，而变形后，在图 3.2(b) 中的平行六面体各面已不是单位面积了. 由式，作用在图 3.2(b) 平行六面体的三个正面上的内力为

$$\overset{\rangle\langle}{\boldsymbol{F}}\cdot\overset{\langle\langle}{\boldsymbol{T}}\cdot\boldsymbol{G}_K=T_{AK}\cdot\hat{\boldsymbol{G}}_A.\quad(K=\mathrm{I},\mathrm{II},\mathrm{III})\tag{3.2.24}$$

由此可见，第二类 Piola-Kirchhoff 应力张量 $\overset{\langle\langle}{\boldsymbol{T}}$ 相关的每单位面积是指变形前构形 $\mathscr{R}$ 中的每单位面积，而力的单位也必须按 $\mathscr{R}$ 构形中沿 Lagrange 坐标方向线元的伸长比例放大. 由(3.2.23)，并利用(2.4.1)，$\hat{\boldsymbol{G}}_K$ 的长度 $|\hat{\boldsymbol{G}}_K|$ 比 $|\boldsymbol{G}_K|=1$ 放大倍数为

$$|\hat{\boldsymbol{G}}_K|=\left|\frac{\partial x^i}{\partial X^K}\boldsymbol{g}_i\right|=\left[\sum_i\left(\frac{\partial x^i}{\partial X^K}\right)^2\right]^{\frac{1}{2}}. \tag{3.2.25}$$

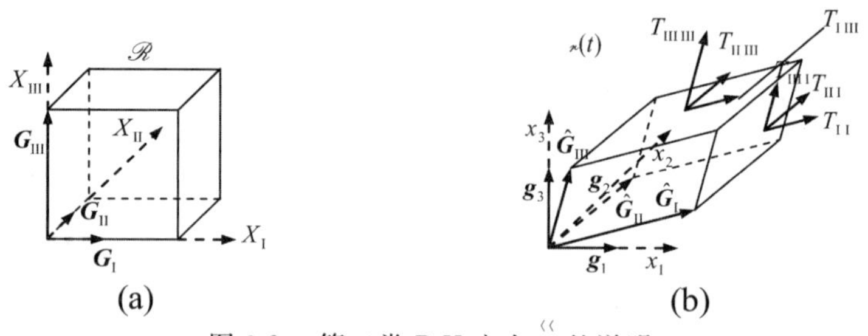

图 3.2　第二类 P-K 应力 $\overset{\langle\langle}{\boldsymbol{T}}$ 的说明

3.3　动量守恒定律与动量矩守恒定律

如同 3.2 节所述，由关于质点的 Newton 运动定律是不能导出连续介质运动定律的. Euler 和 Cauchy 把下列关系作为在连续介质中共同成立的一般原理

$$\int_{\mathscr{P}_\chi}\rho(\boldsymbol{x},t)\dot{\boldsymbol{v}}(\boldsymbol{x},t)\mathrm{d}v=\int_{\mathscr{P}_\chi}\rho(\boldsymbol{x},t)\boldsymbol{f}(\boldsymbol{x},t)\mathrm{d}v+\int_{\partial\mathscr{P}_\chi}\boldsymbol{t}_n(\boldsymbol{x},t,\boldsymbol{n})\mathrm{d}a, \tag{3.3.1}$$

$$\int_{\mathscr{P}_\chi}\rho(\boldsymbol{x}-\boldsymbol{x}_0)\times\dot{\boldsymbol{v}}\mathrm{d}v=\int_{\mathscr{P}_\chi}\rho(\boldsymbol{x}-\boldsymbol{x}_0)\times\boldsymbol{f}\mathrm{d}v+\int_{\partial\mathscr{P}_\chi}(\boldsymbol{x}-\boldsymbol{x}_0)\times\boldsymbol{t}_n\mathrm{d}a, \tag{3.3.2}$$

它们叫做 Euler 运动的第一和第二定律. 前者说明任意物体的任意部分 $\mathscr{P}_\chi$ 所具有的动量的变化速度等于在构形 χ 上的合力. 后者表明，$\mathscr{P}_\chi$ 绕 $\boldsymbol{x}_0$ 的动量矩的变化速度等于在构形 χ 上作用于 $\mathscr{P}_\chi$ 的力对 $\boldsymbol{x}_0$ 的合力矩. 注意，在上述合力矩的表达式中，如果我们处理的是极性物质①，则存在着体力偶和接触力偶. 例如，在物质粒子旋转的物质中，存在着由于粒子旋转而形成的连续动量矩分布. 此处，我们仅处理非极性物质，所以均不考虑体力偶和接触力偶. 这些定律是具有普遍性的.

考虑应力矢量的表达式(3.2.5) 并利用散度定理

$$\int_{\partial\mathscr{P}_\chi}\boldsymbol{t}_n(\boldsymbol{x},t,\boldsymbol{n})\mathrm{d}a=\int_{\partial\boldsymbol{P}_\chi}\overset{\rangle\rangle}{\boldsymbol{\sigma}}\cdot\boldsymbol{n}\mathrm{d}a=\int_{\mathscr{P}_\chi}\mathrm{div}\overset{\rangle\rangle}{\boldsymbol{\sigma}}\mathrm{d}v, \tag{3.3.3}$$

① 一种物质称作是极性的，如果偶应力不为零.

代入到式(3.3.1)，则有

$$\int_{\mathscr{P}_\chi}(\mathrm{div}\overset{\rangle\rangle}{\boldsymbol{\sigma}}+\rho\boldsymbol{f}-\rho\dot{\boldsymbol{v}})\mathrm{d}v=\boldsymbol{0}, \tag{3.3.4}$$

式(3.3.4) 对任意小的体积 $\mathscr{P}_\chi$ 都成立，所以有

$$\mathrm{div}\overset{\rangle\rangle}{\boldsymbol{\sigma}}+\rho\boldsymbol{f}=\rho\dot{\boldsymbol{v}}, \tag{3.3.5}$$

$$\sigma_{kl,l}+\rho f_k=\rho a_k, \tag{3.3.6}$$

式中 a_k 是加速度矢量，由下式给出

$$a_k=(\dot{\boldsymbol{v}})_k=\frac{\partial v_k}{\partial t}+v_{k,l}v_l, \tag{3.3.7}$$

式(3.3.5) 称为 Cauchy 动量方程. 如果物体是静止的(或作等速运动)，$\boldsymbol{a}=\dot{\boldsymbol{v}}=\boldsymbol{0}$，则 (3. 3. 5) 成为

$$\mathrm{div}\overset{\rangle\rangle}{\boldsymbol{\sigma}}+\rho\boldsymbol{f}=\overset{\rangle\rangle}{\boldsymbol{\sigma}}\cdot\overset{\rangle}{\nabla}+\rho\boldsymbol{f}=\boldsymbol{0},\quad \text{in}\quad \varkappa \tag{3.3.8}$$

这就是连续介质力学中的平衡方程.

将式(3.2.10) 代入到式(3.3.2)，利用散度定理，将面积分化为体积分，考虑到

$$\begin{aligned}(\overset{\rangle}{\boldsymbol{x}}\times\overset{\rangle\rangle}{\boldsymbol{\sigma}})\cdot\overset{\rangle}{\nabla}&=[\overset{\rangle\rangle\rangle}{\boldsymbol{\epsilon}}:(\overset{\rangle}{\boldsymbol{x}}\overset{\rangle\rangle}{\boldsymbol{\sigma}})]\cdot\overset{\rangle}{\nabla}=\overset{\rangle\rangle\rangle}{\boldsymbol{\epsilon}}:[\overset{\rangle}{\boldsymbol{x}}(\overset{\rangle\rangle}{\boldsymbol{\sigma}}\cdot\overset{\rangle}{\nabla})+(\overset{\rangle}{\boldsymbol{x}}\overset{\rangle}{\nabla})\cdot\overset{\rangle\rangle}{\boldsymbol{\sigma}}^{\mathrm{T}}]\\&=\overset{\rangle}{\boldsymbol{x}}\times(\overset{\rangle\rangle}{\boldsymbol{\sigma}}\cdot\overset{\rangle}{\nabla})-\overset{\rangle\rangle\rangle}{\boldsymbol{\epsilon}}:\overset{\rangle\rangle}{\boldsymbol{\sigma}},\end{aligned}$$

式中 $\overset{\rangle\rangle\rangle}{\boldsymbol{\epsilon}}$ 为 Eddington 张量，我们得到

$$\int_{\mathscr{P}}[\overset{\rangle\rangle\rangle}{\boldsymbol{\epsilon}}:\overset{\rangle\rangle}{\boldsymbol{\sigma}}+(\boldsymbol{x}-\boldsymbol{x}_0)\times(\mathrm{div}\overset{\rangle\rangle}{\boldsymbol{\sigma}}+\rho\boldsymbol{f}-\rho\boldsymbol{a})]\mathrm{d}v=\boldsymbol{0}, \tag{3.3.9}$$

式(3.3.5) 代入上式并考虑局部作用原理，则有

$$\overset{\rangle\rangle\rangle}{\boldsymbol{\epsilon}}:\overset{\rangle\rangle}{\boldsymbol{\sigma}}=\boldsymbol{0}, \tag{3.3.10}$$

由于 $\overset{\rangle\rangle\rangle}{\boldsymbol{\epsilon}}\cdot\overset{\rangle\rangle\rangle}{\boldsymbol{\epsilon}}:\overset{\rangle\rangle}{\boldsymbol{\sigma}}=\overset{\rangle\rangle}{\boldsymbol{\sigma}}-\overset{\rangle\rangle}{\boldsymbol{\sigma}}^{\mathrm{T}}$，则由式(3.3.10) 可以得到

$$\overset{\rangle\rangle}{\boldsymbol{\sigma}}=\overset{\rangle\rangle}{\boldsymbol{\sigma}}^{\mathrm{T}}. \tag{3.3.11}$$

这就说明 Cauchy 应力张量在不考虑物质的极性的情况下是对称张量，这是动量矩平衡律的要求. 从式(3.3.8) 和式(3.3.11) 看出，这些方程和古典理论的方程形式相同. 但应记住，这是列在现时构形 $\varkappa(t)$ 的 Euler 型方程.

对于许多问题，Lagrange 型方程更方便，此处我们列举以下一些 Lagrange 型运动方程.

Boussinesq 运动方程：

$$\overset{\rangle\rangle}{\boldsymbol{\tau}} \cdot \overset{\circ}{\overset{\rangle}{\nabla}} + \rho_0 \boldsymbol{f} = \rho_0 \ddot{\boldsymbol{x}}. \quad \text{in} \quad \mathscr{R} \tag{3.3.12}$$

Kirchhoff 运动方程：

$$(\overset{\rangle\langle}{\boldsymbol{F}} \cdot \overset{\rangle\rangle}{\boldsymbol{T}}) \cdot \overset{\circ}{\overset{\langle}{\nabla}} + \rho_0 \boldsymbol{f} = \rho_0 \ddot{\boldsymbol{x}}. \quad \text{in} \quad \mathscr{R} \tag{3.3.13}$$

其中 $\overset{\circ}{\nabla}$ 表示全绝对微商.

3.4 能量平衡律

3.4.1 变形功率

变形功率 w 定义为

$$w = \mathscr{J} \overset{\rangle\rangle}{\boldsymbol{\sigma}} : \overset{\rangle\rangle}{\boldsymbol{d}} = \overset{\rangle\rangle}{\boldsymbol{\tau}} : \overset{\rangle\rangle}{\boldsymbol{d}}, \tag{3.4.1}$$

它表示参考构形 $\mathscr{R}$ 中每单位体积（也就是现时构形 χ 中单位体积的 $\mathscr{J}$ 倍）的变形功率，因为 $\overset{\rangle\rangle}{\boldsymbol{\sigma}} : \overset{\rangle\rangle}{\boldsymbol{d}}$ 表示现时构形 χ 中每单位体积的变形功率. 变形功率 w 也可以通过两类P-K应力 $\overset{\rangle\langle}{\boldsymbol{P}}$ 或 $\overset{\langle\langle}{\boldsymbol{T}}$ 来表示. 具体表达式为

$$w = \overset{\rangle\rangle}{\boldsymbol{\tau}} : \overset{\rangle\rangle}{\boldsymbol{l}}, \quad w = \overset{\rangle\langle}{\boldsymbol{P}} : \overset{\rangle\langle}{\dot{\boldsymbol{F}}}, \quad w = \overset{\langle\langle}{\boldsymbol{T}} : \overset{\langle\langle}{\dot{\boldsymbol{E}}}. \tag{3.4.2}$$

比较式(3.4.1)和式(3.4.2)第一式，它们右端的差别是 $\overset{\rangle\rangle}{\boldsymbol{\tau}} : \overset{\rangle\rangle}{\boldsymbol{w}}$. $\overset{\rangle\rangle}{\boldsymbol{\tau}}$ 为对称张量，$\overset{\rangle\rangle}{\boldsymbol{w}}$ 为反对称张量，它们的双点积必为零，$\overset{\rangle\rangle}{\boldsymbol{\tau}} : \overset{\rangle\rangle}{\boldsymbol{w}} = \tau_{ij} w_{ij} = 0$（试证明该结论成立）.

3.4.2 机械能平衡律

现时构形 χ 中任意部分 $\mathscr{P}_\chi$ 的体积为 v，表面为 a，则其动能为

$$K = \int_v \frac{1}{2} \rho \boldsymbol{v}^2 \mathrm{d}v, \tag{3.4.3}$$

式中 $\boldsymbol{v}^2 = \boldsymbol{v} \cdot \boldsymbol{v}$，求 $\mathscr{P}_\chi$ 内动能的物质导数，并注意到质量元 $\rho \mathrm{d}v$ 是不随时间 t 而变化的，得

$$\dot{K} = \int_v \frac{1}{2} \rho \frac{\mathrm{d}}{\mathrm{d}t} (\boldsymbol{v}^2) \mathrm{d}v = \int_v \rho \boldsymbol{v} \cdot \frac{\mathrm{d}\boldsymbol{v}}{\mathrm{d}t} \mathrm{d}v = \int_v \rho \boldsymbol{v} \cdot \boldsymbol{a} \mathrm{d}v. \tag{3.4.4}$$

将动量方程(3.3.5)代入，利用张量分析公式

$$(\boldsymbol{v} \cdot \overset{\rangle\rangle}{\boldsymbol{\sigma}}) \cdot \overset{\rangle}{\nabla} = \boldsymbol{v} \cdot (\overset{\rangle\rangle}{\boldsymbol{\sigma}} \cdot \overset{\rangle}{\nabla}) + (\boldsymbol{v} \overset{\rangle}{\nabla}) : \overset{\rangle\rangle}{\boldsymbol{\sigma}},$$

则式(3.4.4) 变成

$$\dot{K}=\int_v(\boldsymbol{v}\cdot\overset{\rangle\rangle}{\boldsymbol{\sigma}})\cdot\overset{\rangle}{\nabla}\,\mathrm{d}v+\int_v\rho\boldsymbol{v}\cdot f\,\mathrm{d}v-\int_v\overset{\rangle\rangle}{\boldsymbol{\sigma}}:(\boldsymbol{v}\overset{\rangle}{\nabla})\mathrm{d}v. \tag{3.4.5}$$

用 Green 定理将上式右端第一项沿 $\mathscr{v}$ 体积积分转换为其表面 $\mathscr{a}$ 的面积分，右端第三项被积函数可改为

$$\overset{\rangle\rangle}{\boldsymbol{\sigma}}:(\boldsymbol{v}\overset{\rangle}{\nabla})=\overset{\rangle\rangle}{\boldsymbol{\sigma}}:\overset{\rangle\rangle}{\boldsymbol{l}}=\overset{\rangle\rangle}{\boldsymbol{\sigma}}:\overset{\rangle\rangle}{\boldsymbol{d}},$$

可得积分形式的机械能平衡律

$$\dot{K}=\int_a\boldsymbol{v}\cdot\boldsymbol{t}_n\mathrm{d}a+\int_v\rho\boldsymbol{v}\cdot\boldsymbol{f}\mathrm{d}v-\int_v\overset{\rangle\rangle}{\boldsymbol{\sigma}}:\overset{\rangle\rangle}{\boldsymbol{d}}\mathrm{d}v, \tag{3.4.6}$$

式中 $\boldsymbol{t}_n=\overset{\rangle\rangle}{\boldsymbol{\sigma}}\cdot\boldsymbol{n}$ 为作用于现时构形 $\mathscr{x}$ 中 $\mathscr{P}_\chi$ 表面 $\mathscr{a}$ 上的面力的功率. 上式中左端表示构形 $\mathscr{x}$ 中 $\mathscr{P}_\chi$ 内的动能的物质变化率，右端第一项表示作用于 $\mathscr{P}_\chi$ 表面 $\mathscr{a}$ 上面力的功率，右端第二项表示作用 $\mathscr{P}_\chi$ 上的体积力的功率，右端第三项表示 $\mathscr{P}_\chi$ 内的内力功率. 因此构形 $\mathscr{x}$ 中，每单位体积的内力功率应该是 $-\overset{\rangle\rangle}{\boldsymbol{\sigma}}:\overset{\rangle\rangle}{\boldsymbol{d}}$，即与变形功率相差一负号.

3.4.3　能量平衡律

在构形 $\mathscr{x}$ 中任意 $\mathscr{P}_\chi$ 内的总能量 P 由动能 K 与内能 E 组成，即

$$P=K+E, \tag{3.4.7}$$

式中若以 e 表示每单位质量的内能

$$E=\int_v e\rho\,\mathrm{d}v. \tag{3.4.8}$$

根据热力学第一定律，总能量 P 的物质导数，即对时间的变化率应等于作用于 $\mathscr{P}_\chi$ 的外力功率与每单位时间从 $\mathscr{P}_\chi$ 外部所加的热

$$\dot{P}=\int_a\boldsymbol{v}\cdot\boldsymbol{t}_n\cdot\mathrm{d}\boldsymbol{a}+\int_v\rho\boldsymbol{v}\cdot\boldsymbol{f}\mathrm{d}v-\int_a\boldsymbol{h}\cdot\mathrm{d}\boldsymbol{a}+\int_v\kappa\rho\,\mathrm{d}v, \tag{3.4.9}$$

式中 $\boldsymbol{h}$ 表示热流矢量(或热流通量)，即每单位时间每单位面积的热流，κ 表示每单位质量接受外部的热(称为热源). 为得到 $\mathscr{P}_\chi$ 内内能的物质导数，只需要计算(3.4.9) 之 $\dot{P}$ 与(3.4.6) 之 $\dot{K}$ 之差，可得

$$\dot{E}=\int_v\dot{e}\rho\,\mathrm{d}v=-\int_a\boldsymbol{h}\cdot\mathrm{d}\boldsymbol{a}+\int_v\kappa\rho\,\mathrm{d}v+\int_v\overset{\rangle\rangle}{\boldsymbol{\sigma}}:\overset{\rangle\rangle}{\boldsymbol{d}}\mathrm{d}v, \tag{3.4.10}$$

式(3.4.10) 称为积分形式的热力学第一定律. 右端第一项表示每单位时间经过表面 $\mathscr{a}$ 流入 $\mathscr{P}_\chi$ 的热量，第二项为每单位时间从外部加给 $\mathscr{P}_\chi$ 的热量，第三项表示 $\mathscr{P}_\chi$ 的变形功率. 对比(3.4.6) 的 $\dot{K}$ 与(3.4.10) $\dot{E}$ 右端的变形功率项，可见(3.4.6) 的 $\dot{K}$ 式中变形功率项带有

一负号，它表示变形功率转化为内能.

利用 Green 定理，将(3.4.10) 右端第一项沿 $\mathscr{a}$ 的面积分转换为沿 $\mathscr{P}_\chi$ 的体积积分，并考虑到 $\mathscr{P}_\chi$ 为任意，可得

$$\rho \dot{e} = -\boldsymbol{h} \cdot \overset{\rangle}{\nabla} + \rho\kappa + \overset{\rangle\rangle}{\boldsymbol{\sigma}} : \overset{\rangle\rangle}{\boldsymbol{d}}. \tag{3.4.11}$$

此即为微分形式的热力学第一定律.

3.4.4 熵不等式、熵平衡律

以 η 表示每单位质量的熵(entropy)(或称熵的质量密度)，则 $\mathscr{P}_\chi$ 内的总熵为

$$H = \int_v \eta\rho\,\mathrm{d}v, \tag{3.4.12}$$

以 θ 表示温度(绝对温度，$\theta > 0$)，则由热力学第二定律，必有

$$\dot{H} \geqslant -\int_a \frac{1}{\theta}\boldsymbol{h} \cdot \mathrm{d}\boldsymbol{a} + \int_v \frac{1}{\theta}\kappa\rho\,\mathrm{d}v, \tag{3.4.13}$$

式中 $\dfrac{\boldsymbol{h}}{\theta}$ 称为熵流，$\dfrac{\kappa}{\theta}$ 称为熵源. 称为熵不等式，或 Clausius-Duhem 不等式，也称为积分形式的热力学第二定律. 对于不可逆过程，式(3.4.13) 中取“$>$”号，而对于可逆过程则取“$=$”号. 式(3.4.13) 右端表明 $\mathscr{P}_\chi$ 从邻域或从外部吸收热量的结果是使其总熵增加. 熵的实际增加超过(3.4.13) 右端这一增加量的部分是不可逆的，称为总熵的生成率. 定义 $\mathscr{P}_\chi$ 的熵生成率为(3.4.13) 式两端之差，即由下式定义的 Γ 为

$$\dot{H} = \int_v \dot{\eta}\rho\,\mathrm{d}v = -\int_a \frac{1}{\theta}\boldsymbol{h} \cdot \mathrm{d}\boldsymbol{a} + \int_v \frac{1}{\theta}\kappa\rho\,\mathrm{d}v + \Gamma, \quad \Gamma \geqslant 0 \tag{3.4.14}$$

式中若以 γ 表示每单位质量的熵生成率，则

$$\Gamma = \int_v \gamma\rho\,\mathrm{d}v, \quad \gamma \geqslant 0 \tag{3.4.15}$$

式(3.4.14) 称为积分形式的熵平衡方程(或熵平衡律). 利用 Green 定理，将(3.4.14) 中右端第一项沿 $\mathscr{P}_\chi$ 表面 $\mathscr{a}$ 的面积分化为沿 $\mathscr{P}_\chi$ 的体积分，可得

$$\rho \dot{\eta} = -\left(\frac{1}{\theta}\boldsymbol{h}\right) \cdot \nabla + \rho\left(\frac{1}{\theta}\kappa + \gamma\right), \tag{3.4.16}$$

式(3.4.16) 称为微分形式的熵平衡方程. 利用张量分析公式

$$(c\boldsymbol{h}) \cdot \overset{\rangle}{\nabla} = c(\boldsymbol{h} \cdot \overset{\rangle}{\nabla}) + (c\overset{\rangle}{\nabla}) \cdot \boldsymbol{h}, \tag{3.4.17}$$

化简(3.4.17) 式右端第一项，令 $c = \dfrac{1}{\theta}$，可将乘以 $\dfrac{\theta}{\rho}$ 后写作

$$\theta \dot{\eta} = -\frac{1}{\rho}(\boldsymbol{h} \cdot \overset{\rangle}{\nabla}) + \frac{1}{\rho\theta}(\theta\overset{\rangle}{\nabla}) \cdot \boldsymbol{h} + \kappa + \theta\gamma, \tag{3.4.18}$$

即

$$\theta\gamma = \theta\gamma_{\text{th}} + \theta\gamma_{\text{int}} \geqslant 0, \tag{3.4.19}$$

式中

$$\theta\gamma_{\text{th}} = -\frac{1}{\rho\theta}\boldsymbol{h}\cdot(\theta\overset{\rangle}{\nabla}), \tag{3.4.20}$$

$$\theta\gamma_{\text{int}} = \theta\dot{\eta} - \left[-\frac{1}{\rho}(\boldsymbol{h}\cdot\overset{\rangle}{\nabla}) + \kappa\right]. \tag{3.4.21}$$

式(3.4.19) 表面熵生成率 γ 可分成两部分，一部分 γ_{th} 是由热传导所产生的熵生成率；另一部分 γ_{int} 是由熵增率$\dot{\eta}$ 超过每单位质量从邻域及外部吸收的热的率所产生的. γ_{int} 称为内禀(intrinsic) 熵生成率. 热力学第二定律要求 γ_{th} 与 γ_{int} 之和 $\gamma \geqslant 0$，但是人们通常都假设 γ_{th} 与 γ_{int} 分别都 $\gamma \geqslant 0$：

$$\theta\gamma_{\text{th}} \geqslant 0, \quad \theta\gamma_{\text{int}} \geqslant 0, \tag{3.4.22}$$

$\theta\gamma$，$\theta\gamma_{\text{th}}$ 与 $\theta\gamma_{\text{int}}$ 各称为每单位质量的总耗散率，热耗散率与内禀耗散率. 由(3.4.20)，$\theta\gamma_{\text{th}} \geqslant 0$ 的意义是热流矢量 $\boldsymbol{h}$ 必与温度梯度 $\theta\nabla$ 呈钝角. 对于具有各向同性热学性质的材料，按 Fourier 热传导定律

$$\boldsymbol{h} = -k(\theta\overset{\rangle}{\nabla}), \tag{3.4.23}$$

k 为热传导系数，热流矢量 $\boldsymbol{h}$ 与温度梯度 $\theta\nabla$ 成 180° 角.

利用微分形式热力学第一定律，可将改写为

$$\theta\gamma_{\text{int}} = \theta\dot{\eta} - \left[\dot{e} - \frac{1}{\rho}\overset{\rangle\rangle}{\boldsymbol{\sigma}} : \overset{\rangle\rangle}{\boldsymbol{d}}\right], \tag{3.4.24}$$

式中右端[…] 表示每单位质量内能增加率超过每单位质量变形功率的部分，它正是第二式右端[…] 所表示的每单位质量吸收热的率.

如果我们为了方便，不以熵 η 为自变量，而采用温度 θ 为自变量，可以不采用内能 e 为热力学函数，而采用每单位质量的 Hemholth 自由能 ψ 为热力学函数，其定义为

$$\psi = e - \theta\eta, \tag{3.4.25}$$

因此 ψ 与 e 之率之间存在关系

$$\dot{\psi} + \eta\dot{\theta} = \dot{e} - \theta\dot{\eta}, \tag{3.4.26}$$

式(3.4.24) 可改写为

$$\theta\gamma_{\text{int}} = -\eta\dot{\theta} - \left[\overset{\rangle}{\psi} - \frac{1}{\rho}\overset{\rangle\rangle}{\boldsymbol{\sigma}} : \overset{\rangle\rangle}{\boldsymbol{d}}\right]. \tag{3.4.27}$$

第 4 章　时空系与客观性

4.1　时空系及其变换

在古典运动学中可测量的基本量是距离和时间的间隔. 只有在给定参考标架(即某确定的带有时钟的观察者)下，才能谈某事件的位置(在空间的和时间的位置). 只有在对所有事件给定这样一个参考标架里，才能比较物质点在不同时刻的空间位置，谈论它的速度和加速度才有意义. 这种带时钟的参考标架称为时空系(space-time system). 时钟可有快慢(即计时零点可以不同)，一个参考标架可相对另一个标架作刚性运动——转动和平移. 因此，若一个事件在一个参考标架里记作$\{\boldsymbol{x}, t\}$，而在另一个参考标架里记为$\{\tilde{\boldsymbol{x}}, \tilde{t}\}$，则其相互关系为

$$\tilde{t} = t + a, \tag{4.1.1}$$

$$\tilde{\boldsymbol{x}} = \boldsymbol{Q}(t) \cdot \boldsymbol{x} + \boldsymbol{b}(t). \tag{4.1.2}$$

其中正交变换$\boldsymbol{Q}(t)$和矢量$\boldsymbol{b}(t)$代表第一观察者对第二观察者在时刻t的相对转动和相对平移. a代表第一观察者对第二观察者的计时零点的移动量. 在这种时空系的变换下，时间间隔是不变的，

$$\tilde{t}_2 - \tilde{t}_1 = t_2 - t_1$$

而对同一时刻，两事件$\{\boldsymbol{x}_1, t\}$，$\{\boldsymbol{x}_2, t\}$的空间距离是不变的，因由

$$\tilde{\boldsymbol{x}}_1 = \boldsymbol{Q}(t) \cdot \boldsymbol{x}_1 + \boldsymbol{b}(t),$$

和

$$\tilde{\boldsymbol{x}}_2 = \boldsymbol{Q}(t) \cdot \boldsymbol{x}_2 + \boldsymbol{b}(t).$$

可得

$$\tilde{\boldsymbol{x}}_2 - \tilde{\boldsymbol{x}}_1 = \boldsymbol{Q}(t) \cdot (\boldsymbol{x}_2 - \boldsymbol{x}_1),$$

$$(\tilde{\boldsymbol{x}}_2-\tilde{\boldsymbol{x}}_1)^2=[\boldsymbol{Q}(t)\cdot(\boldsymbol{x}_2-\boldsymbol{x}_1)]^{\mathrm{T}}\cdot[\boldsymbol{Q}(t)\cdot(\boldsymbol{x}_2-\boldsymbol{x}_1)]=(\boldsymbol{x}_2-\boldsymbol{x}_1)^2. \tag{4.1.3}$$

在时空系的变换下，标量 α 是不变的：

$$\tilde{\alpha}=\alpha. \tag{4.1.4}$$

把矢量 $\boldsymbol{w}$ 看作空间两点之差，则矢量的变换规律和相同

$$\tilde{\boldsymbol{w}}=\boldsymbol{Q}(t)\cdot\boldsymbol{w}. \tag{4.1.5}$$

张量作为矢量间的算子：$\boldsymbol{B}\cdot\boldsymbol{w}=\boldsymbol{u}$，则由式及

$$\tilde{\boldsymbol{u}}=\boldsymbol{Q}(t)\cdot\boldsymbol{u}=\boldsymbol{Q}(t)\cdot\boldsymbol{B}\cdot\boldsymbol{w}=\boldsymbol{Q}(t)\cdot\boldsymbol{B}\cdot\boldsymbol{Q}^{\mathrm{T}}(t)\cdot\boldsymbol{Q}(t)\cdot\boldsymbol{w}=\tilde{\boldsymbol{B}}\cdot\tilde{\boldsymbol{w}},$$

得张量 $\boldsymbol{B}$ 的变换规律

$$\tilde{\boldsymbol{B}}=\boldsymbol{Q}(t)\cdot\boldsymbol{B}\cdot\boldsymbol{Q}^{\mathrm{T}}(t). \tag{4.1.6}$$

在时-空变换(4.1.1)(4.1.2)下，一个场或函数称为客观性的或时空系无差异的，如果其中出现的量按(4.1.4)，(4.1.5)和(4.1.6)规律进行变换. 从物理上看，一个客观性的量的性质不因观察者的不同而改变.

应该强调指出，时空变换与经典的 Euler 空间的坐标变化是有原则差别的. 这种差别首先表现在正交张量 $\boldsymbol{Q}(t)$ 是依赖于时间的. 因此，观察者具有自身的速度和加速度. 这样使得物质点的速度矢量 $\boldsymbol{v}$ 都不具备客观性.

为证实这一点，我们对(4.1.2) 取物质导数

$$\dot{\tilde{\boldsymbol{x}}}=\dot{\boldsymbol{Q}}\cdot\boldsymbol{x}+\boldsymbol{Q}\cdot\dot{\boldsymbol{x}}+\dot{\boldsymbol{b}}=\dot{\boldsymbol{Q}}\cdot\boldsymbol{Q}^{\mathrm{T}}\cdot(\tilde{\boldsymbol{x}}-\boldsymbol{b})+\boldsymbol{Q}\cdot\dot{\boldsymbol{x}}+\dot{\boldsymbol{b}}, \tag{4.1.7}$$

令

$$\boldsymbol{A}=\dot{\boldsymbol{Q}}\cdot\boldsymbol{Q}^{\mathrm{T}}, \tag{4.1.8}$$

由于 $\boldsymbol{Q}(t)$ 是正交张量，即

$$\boldsymbol{Q}\cdot\boldsymbol{Q}^{\mathrm{T}}=\boldsymbol{Q}^{\mathrm{T}}\cdot\boldsymbol{Q}=\boldsymbol{I}. \tag{4.1.9}$$

故

$$\overline{(\boldsymbol{Q}\cdot\boldsymbol{Q}^{\mathrm{T}})}^{\boldsymbol{\cdot}}=\dot{\boldsymbol{Q}}\cdot\boldsymbol{Q}^{\mathrm{T}}+\boldsymbol{Q}\cdot\dot{\boldsymbol{Q}}^{\mathrm{T}}=\boldsymbol{A}+\boldsymbol{A}^{\mathrm{T}}=\dot{\boldsymbol{I}}=\boldsymbol{0}, \tag{4.1.10}$$

所以 $\boldsymbol{A}$ 是反对称张量，表示角速度.

式(4.1.7) 可改写为

$$\tilde{\boldsymbol{v}}=\boldsymbol{Q}\cdot\boldsymbol{v}+\boldsymbol{A}\cdot(\tilde{\boldsymbol{x}}-\boldsymbol{b})+\dot{\boldsymbol{b}}, \tag{4.1.11}$$

对上式关于时间再取一次导数

$$\begin{aligned}\dot{\tilde{\boldsymbol{v}}}&=\boldsymbol{Q}\cdot\dot{\boldsymbol{v}}+\dot{\boldsymbol{Q}}\cdot\boldsymbol{v}+\boldsymbol{A}\cdot(\tilde{\boldsymbol{v}}-\dot{\boldsymbol{b}})+\dot{\boldsymbol{A}}\cdot(\tilde{\boldsymbol{x}}-\boldsymbol{b})+\ddot{\boldsymbol{b}}\\&=\boldsymbol{Q}\cdot\dot{\boldsymbol{v}}+2\boldsymbol{A}\cdot(\tilde{\boldsymbol{v}}-\dot{\boldsymbol{b}})+(\dot{\boldsymbol{A}}-\boldsymbol{A}^2)\cdot(\tilde{\boldsymbol{x}}-\boldsymbol{b})+\ddot{\boldsymbol{b}}.\end{aligned} \tag{4.1.12}$$

由式(4.1.11) 和式(4.1.12) 看出，物体的速度场及加速度场均不是客观性的量.

只有在 $\boldsymbol{A}=\boldsymbol{0}$，$\ddot{\boldsymbol{b}}=\boldsymbol{0}$（即 $\boldsymbol{Q}=\mathrm{const}$，$\dot{\boldsymbol{b}}=\mathrm{const.}$）下，也就是在 Galileo 变换下，作为二阶物质导数而定义的加速度才是客观性的. 而在 $\boldsymbol{Q}=\mathrm{const}$ 和 $\boldsymbol{b}=\mathrm{const.}$下，即变换与时间无关时，作为一阶物质导数的速度才是客观性的.

按照客观性的观点，运动(2.3.1) 实现是对某一参考标架而言的，在时空系变换时，对另一参考标架，运动(2.3.1)将变成

$$\begin{cases}\tilde{\boldsymbol{x}}=\tilde{\boldsymbol{x}}(\boldsymbol{X},t)=\boldsymbol{Q}(t)\cdot\boldsymbol{x}(\boldsymbol{X},t)+\boldsymbol{b}(t)\\ \text{或}\quad \tilde{\boldsymbol{x}}=\boldsymbol{Q}\cdot\boldsymbol{x}+\boldsymbol{b}\\ \tilde{t}=t+a\end{cases}\tag{4.1.13}$$

对变换(4.1.13)，也可把 $\tilde{\boldsymbol{x}}$ 看成是在同一参考标架下在运动 $\boldsymbol{x}(\boldsymbol{X},t)$ 上叠加一个随时间变化的刚性运动和时间的平移的另一运动. 在这种看法下，$\tilde{\boldsymbol{x}}(\boldsymbol{X},\tilde{t})$ 和 $\boldsymbol{x}(\boldsymbol{X},t)$ 称为等价运动.

上述所定义的客观性，可称为 Truesdell 客观性条件. 在连续介质力学中还有另一种完全不同的关于客观性的定义，称之为 Hill 客观性. 若对于任意两个等价运动 $\tilde{\boldsymbol{x}}(\boldsymbol{X},\tilde{t})$ 和 $\boldsymbol{x}(\boldsymbol{X},t)$，某物理量(例如标量 f、张量 $\boldsymbol{U}$) 的值相同，即

$$\tilde{f}=f,\quad \tilde{\boldsymbol{U}}=\boldsymbol{U}.$$

则称该物理量为 Hill 客观. 比较两种客观性知，只有对于标量，两种客观性的定义是一致的. 二阶单位张量 $\boldsymbol{I}$ 既是 Truesdell 客观又是 Hill 客观.

4.2 应变张量，变形率和应力张量的客观性

时空系变换只对与现时构形 $\varkappa(t)$ 有关的几何量及物理量有影响，而对参考构形的几何量及物理量并无影响.

考虑两个等价运动 $\tilde{\boldsymbol{x}}(\boldsymbol{X},\tilde{t})$ 和 $\boldsymbol{x}(\boldsymbol{X},t)$，则

$$\mathrm{d}\boldsymbol{x}=\overset{)(}{\boldsymbol{F}}\cdot\mathrm{d}\boldsymbol{X},\quad \mathrm{d}\tilde{\boldsymbol{x}}=\tilde{\overset{)(}{\boldsymbol{F}}}\cdot\mathrm{d}\boldsymbol{X},\tag{4.2.1}$$

由于线元矢量是客观的，即 $\mathrm{d}\tilde{\boldsymbol{x}}=\boldsymbol{Q}(t)\cdot\mathrm{d}\boldsymbol{x}$，则有

$$\boldsymbol{Q}(t)\cdot\mathrm{d}\boldsymbol{x}=\boldsymbol{Q}(t)\cdot\overset{)(}{\boldsymbol{F}}\cdot\mathrm{d}\boldsymbol{X}=\tilde{\overset{)(}{\boldsymbol{F}}}\cdot\mathrm{d}\boldsymbol{X},$$

考虑到线元矢量 $\mathrm{d}\boldsymbol{X}$ 的任意性，故有

$$\tilde{\overset{)(}{\boldsymbol{F}}}=\boldsymbol{Q}(t)\cdot\overset{)(}{\boldsymbol{F}}.\tag{4.2.2}$$

可见，变形梯度张量不满足时空系变换关系(4.1.6)，因此不是客观张量. 事实上，

(4.2.2) 类似于客观矢量的时空系变换关系(4.1.5)，这是因为 $\overset{\rangle\langle}{\boldsymbol{F}}$ 是两点张量，其前矢量在现时构形 $\mathscr{R}(t)$ 中，而后矢量却在初始构形 $\mathscr{R}(t_0)$ 中. 由(4.2.2) 可得 $\overset{\sim}{\overset{\rangle\langle}{\boldsymbol{F}}}{}^{\mathrm{T}}$、$\overset{\sim}{\overset{\langle\rangle}{\boldsymbol{F}}}{}^{-1}$、$\overset{\sim}{\overset{\rangle\langle}{\boldsymbol{F}}}{}^{-\mathrm{T}}$ 的时空系变换关系：

$$\overset{\sim}{\overset{\langle\rangle}{\boldsymbol{F}}}{}^{\mathrm{T}}=\overset{\rangle\langle}{\boldsymbol{F}}\cdot\boldsymbol{Q}^{\mathrm{T}}(t),\ \overset{\sim}{\overset{\langle\rangle}{\boldsymbol{F}}}{}^{-1}=\overset{\langle\rangle}{\boldsymbol{F}}{}^{-1}\cdot\boldsymbol{Q}^{\mathrm{T}}(t),\ \overset{\sim}{\overset{\rangle\langle}{\boldsymbol{F}}}{}^{-\mathrm{T}}=\boldsymbol{Q}(t)\cdot\overset{\rangle\langle}{\boldsymbol{F}}{}^{-\mathrm{T}}. \tag{4.2.3}$$

考虑极分解定理(2.5.39)

$$\overset{\rangle\langle}{\boldsymbol{F}}=\overset{\rangle\langle}{\boldsymbol{R}}\cdot\overset{\langle\langle}{\boldsymbol{U}}=\overset{\rangle\rangle}{\boldsymbol{V}}\cdot\overset{\rangle\langle}{\boldsymbol{R}},\quad \overset{\sim}{\overset{\rangle\langle}{\boldsymbol{F}}}=\overset{\sim}{\overset{\rangle\langle}{\boldsymbol{R}}}\cdot\overset{\sim}{\overset{\langle\langle}{\boldsymbol{U}}}=\overset{\sim}{\overset{\rangle\rangle}{\boldsymbol{V}}}\cdot\overset{\sim}{\overset{\rangle\langle}{\boldsymbol{R}}}, \tag{4.2.4}$$

考虑到式(4.2.2)，则有

$$\overset{\sim}{\overset{\rangle\langle}{\boldsymbol{R}}}\cdot\overset{\sim}{\overset{\langle\langle}{\boldsymbol{U}}}=\boldsymbol{Q}\cdot\overset{\rangle\langle}{\boldsymbol{R}}\cdot\overset{\langle\langle}{\boldsymbol{U}},\quad \overset{\sim}{\overset{\rangle\rangle}{\boldsymbol{V}}}\cdot\overset{\sim}{\overset{\rangle\langle}{\boldsymbol{R}}}=\boldsymbol{Q}\cdot\overset{\rangle\rangle}{\boldsymbol{V}}\cdot\overset{\rangle\langle}{\boldsymbol{R}}. \tag{4.2.5}$$

由于 $\boldsymbol{Q}\cdot\overset{\rangle\langle}{\boldsymbol{R}}$ 仍然为正交张量，并根据张量极分解的唯一性，有

$$\overset{\sim}{\overset{\langle\langle}{\boldsymbol{U}}}=\overset{\langle\langle}{\boldsymbol{U}},\quad \overset{\sim}{\overset{\langle\langle}{\boldsymbol{R}}}=\boldsymbol{Q}\cdot\overset{\langle\langle}{\boldsymbol{R}}, \tag{4.2.6}$$

由(4.2.5) 第二式，并考虑到第二式，有

$$\overset{\sim}{\overset{\rangle\rangle}{\boldsymbol{V}}}=\boldsymbol{Q}\cdot\overset{\rangle\rangle}{\boldsymbol{V}}\cdot\overset{\rangle\langle}{\boldsymbol{R}}\cdot\overset{\langle\rangle}{\boldsymbol{R}}{}^{\mathrm{T}}\cdot\boldsymbol{Q}^{\mathrm{T}}=\boldsymbol{Q}\cdot\overset{\rangle\rangle}{\boldsymbol{V}}\cdot\boldsymbol{Q}^{\mathrm{T}}. \tag{4.2.7}$$

可见，旋转张量 $\overset{\rangle\langle}{\boldsymbol{R}}$，右伸长张量 $\overset{\langle\langle}{\boldsymbol{U}}$ 不是客观性张量，而左伸长张量 $\overset{\rangle\rangle}{\boldsymbol{V}}$ 是客观性张量.

右 Cauchy-Green 变形张量为

$$\overset{\sim}{\overset{\langle\langle}{\boldsymbol{C}}}=\overset{\sim}{\overset{\langle\langle}{\boldsymbol{U}}}{}^2=\overset{\langle\langle}{\boldsymbol{U}}{}^2=\overset{\langle\langle}{\boldsymbol{C}}. \tag{4.2.8}$$

左 Cauchy-Green 变形张量为

$$\overset{\sim}{\overset{\rangle\rangle}{\boldsymbol{c}}}=\overset{\sim}{\overset{\rangle\rangle}{\boldsymbol{V}}}{}^2=\boldsymbol{Q}\cdot\overset{\rangle\rangle}{\boldsymbol{V}}\cdot\boldsymbol{Q}^{\mathrm{T}}\cdot\boldsymbol{Q}\cdot\overset{\rangle\rangle}{\boldsymbol{V}}\cdot\boldsymbol{Q}^{\mathrm{T}}=\boldsymbol{Q}\cdot\overset{\rangle\rangle}{\boldsymbol{V}}\cdot\overset{\rangle\rangle}{\boldsymbol{V}}\cdot\boldsymbol{Q}^{\mathrm{T}}=\boldsymbol{Q}\cdot\overset{\rangle\rangle}{\boldsymbol{V}}{}^2\cdot\boldsymbol{Q}^{\mathrm{T}}=\boldsymbol{Q}\cdot\overset{\rangle\rangle}{\boldsymbol{c}}\cdot\boldsymbol{Q}^{\mathrm{T}}. \tag{4.2.9}$$

可见，右 Cauchy-Green 变形张量 $\overset{\langle\langle}{\boldsymbol{C}}$ 不是客观性张量，而左 Cauchy-Green 变形张量 $\overset{\rangle\rangle}{\boldsymbol{c}}$ 是客观性张量.

速度梯度 $\overset{\rangle\rangle}{\boldsymbol{l}}$，变形率 $\overset{\rangle\rangle}{\boldsymbol{d}}$ 与旋率 $\overset{\rangle\rangle}{\boldsymbol{w}}$ 满足

$$\begin{cases}\overset{\rangle\rangle}{\boldsymbol{l}}=\overset{\rangle\rangle}{\boldsymbol{d}}+\overset{\rangle\rangle}{\boldsymbol{w}}=\dfrac{1}{2}(\overset{\rangle\rangle}{\boldsymbol{l}}+\overset{\rangle\rangle}{\boldsymbol{l}}{}^{\mathrm{T}})+\dfrac{1}{2}(\overset{\rangle\rangle}{\boldsymbol{l}}-\overset{\rangle\rangle}{\boldsymbol{l}}{}^{\mathrm{T}}),\\[2ex] \overset{\sim}{\overset{\rangle\rangle}{\boldsymbol{l}}}=\overset{\sim}{\overset{\rangle\rangle}{\boldsymbol{d}}}+\overset{\sim}{\overset{\rangle\rangle}{\boldsymbol{w}}}=\dfrac{1}{2}(\overset{\sim}{\overset{\rangle\rangle}{\boldsymbol{l}}}+\overset{\sim}{\overset{\rangle\rangle}{\boldsymbol{l}}}{}^{\mathrm{T}})+\dfrac{1}{2}(\overset{\sim}{\overset{\rangle\rangle}{\boldsymbol{l}}}-\overset{\sim}{\overset{\rangle\rangle}{\boldsymbol{l}}}{}^{\mathrm{T}}).\end{cases} \tag{4.2.10}$$

由(4.2.2) 对时间 t 求物质导数，得

$$\dot{\widetilde{\overset{\rangle\langle}{\boldsymbol{F}}}} = \dot{\boldsymbol{Q}} \cdot \overset{\rangle\langle}{\boldsymbol{F}} + \boldsymbol{Q} \cdot \dot{\overset{\rangle\langle}{\boldsymbol{F}}}, \tag{4.2.11}$$

考虑式(4.1.8)，可得

$$\begin{aligned} \widetilde{\overset{\rangle\rangle}{\boldsymbol{l}}} \cdot \widetilde{\overset{\rangle\langle}{\boldsymbol{F}}} &= \dot{\boldsymbol{Q}} \cdot \overset{\rangle\langle}{\boldsymbol{F}} + \boldsymbol{Q} \cdot \dot{\overset{\rangle\rangle}{\boldsymbol{l}}} \cdot \overset{\rangle\langle}{\boldsymbol{F}} = \boldsymbol{A} \cdot \boldsymbol{Q} \cdot \overset{\rangle\langle}{\boldsymbol{F}} + \boldsymbol{Q} \cdot \overset{\rangle\rangle}{\boldsymbol{l}} \cdot \boldsymbol{Q}^{\mathrm{T}} \cdot \widetilde{\overset{\rangle\langle}{\boldsymbol{F}}} \\ &= (\boldsymbol{Q} \cdot \overset{\rangle\rangle}{\boldsymbol{l}} \cdot \boldsymbol{Q}^{\mathrm{T}} + \boldsymbol{A}) \cdot \widetilde{\overset{\rangle\langle}{\boldsymbol{F}}}, \end{aligned} \tag{4.2.12}$$

将(4.2.12)右乘$\widetilde{\overset{\langle\rangle}{\boldsymbol{F}}}{}^{-1}$，得

$$\widetilde{\overset{\rangle\rangle}{\boldsymbol{l}}} = \boldsymbol{Q} \cdot \overset{\rangle\rangle}{\boldsymbol{l}} \cdot \boldsymbol{Q}^{\mathrm{T}} + \boldsymbol{A}, \tag{4.2.13}$$

即

$$\widetilde{\overset{\rangle\rangle}{\boldsymbol{d}}} + \widetilde{\overset{\rangle\rangle}{\boldsymbol{w}}} = \boldsymbol{Q} \cdot \overset{\rangle\rangle}{\boldsymbol{d}} \cdot \boldsymbol{Q}^{\mathrm{T}} + \boldsymbol{Q} \cdot \overset{\rangle\rangle}{\boldsymbol{w}} \cdot \boldsymbol{Q}^{\mathrm{T}} + \boldsymbol{A},$$

考虑到 $\boldsymbol{Q} \cdot \overset{\rangle\rangle}{\boldsymbol{w}} \cdot \boldsymbol{Q}^{\mathrm{T}} + \boldsymbol{A}$ 的反对称性，根据张量加法分解的唯一性，得

$$\widetilde{\overset{\rangle\rangle}{\boldsymbol{d}}} = \boldsymbol{Q} \cdot \overset{\rangle\rangle}{\boldsymbol{d}} \cdot \boldsymbol{Q}^{\mathrm{T}}, \quad \widetilde{\overset{\rangle\rangle}{\boldsymbol{w}}} = \boldsymbol{Q} \cdot \overset{\rangle\rangle}{\boldsymbol{w}} \cdot \boldsymbol{Q}^{\mathrm{T}} + \boldsymbol{A}. \tag{4.2.14}$$

可见，变形率 $\overset{\rangle\rangle}{\boldsymbol{d}}$ 是客观性的，而速度梯度 $\overset{\rangle\rangle}{\boldsymbol{l}}$ 旋率 $\overset{\rangle\rangle}{\boldsymbol{w}}$ 则均不是客观性的.

我们假定外力和接触力都是客观性矢量，考虑到单位外法矢量也是客观性的，则根据 $\boldsymbol{t}_n = \overset{\rangle\rangle}{\boldsymbol{\sigma}} \cdot \boldsymbol{n}$ 可知，Cauchy 应力张量也是客观性的：

$$\widetilde{\overset{\rangle\rangle}{\boldsymbol{\sigma}}} = \boldsymbol{Q} \cdot \overset{\rangle\rangle}{\boldsymbol{\sigma}} \cdot \boldsymbol{Q}^{\mathrm{T}}. \tag{4.2.15}$$

Kirchhoff 应力张量 $\overset{\rangle\rangle}{\boldsymbol{\tau}} = \mathscr{J} \overset{\rangle\rangle}{\sigma}$，由于 Jaccobi 行列式$\mathscr{J}$与 Cauchy 应力张量均是客观性的，所以 Kirchhoff 应力张量也是客观性的：

$$\widetilde{\overset{\rangle\rangle}{\boldsymbol{\tau}}} = \boldsymbol{Q} \cdot \overset{\rangle\rangle}{\boldsymbol{\tau}} \cdot \boldsymbol{Q}^{\mathrm{T}}. \tag{4.2.16}$$

第一、二类 Piola-Kirchhoff 应力张量 $\overset{\rangle\langle}{\boldsymbol{P}} = \overset{\rangle\rangle}{\boldsymbol{\tau}} \cdot \overset{\rangle\langle}{\boldsymbol{F}}{}^{-\mathrm{T}}$ 和 $\overset{\langle\langle}{\boldsymbol{T}} = \overset{\langle\rangle}{\boldsymbol{F}}{}^{-1} \cdot \overset{\rangle\langle}{\boldsymbol{P}} = \overset{\langle\rangle}{\boldsymbol{F}}{}^{-1} \cdot \overset{\rangle\rangle}{\boldsymbol{\tau}} \cdot \overset{\rangle\langle}{\boldsymbol{F}}{}^{-\mathrm{T}}$ 则不是客观性张量. 由于

$$\begin{cases} \overset{\rangle\langle}{\boldsymbol{P}} = \overset{\rangle\rangle}{\boldsymbol{\tau}} \cdot \overset{\rangle\langle}{\boldsymbol{F}}{}^{-\mathrm{T}}, & \overset{\langle\langle}{\boldsymbol{T}} = \overset{\langle\rangle}{\boldsymbol{F}}{}^{-1} \cdot \overset{\rangle\rangle}{\boldsymbol{\tau}} \cdot \overset{\rangle\langle}{\boldsymbol{F}}{}^{-\mathrm{T}}, \\ \widetilde{\overset{\rangle\langle}{\boldsymbol{P}}} = \widetilde{\overset{\rangle\rangle}{\boldsymbol{\tau}}} \cdot \widetilde{\overset{\rangle\langle}{\boldsymbol{F}}}{}^{-\mathrm{T}}, & \widetilde{\overset{\langle\langle}{\boldsymbol{T}}} = \widetilde{\overset{\rangle\langle}{\boldsymbol{F}}}{}^{-1} \cdot \widetilde{\overset{\rangle\rangle}{\boldsymbol{\tau}}} \cdot \widetilde{\overset{\rangle\langle}{\boldsymbol{F}}}{}^{-\mathrm{T}}, \end{cases} \tag{4.2.17}$$

由(4.2.2)(4.2.3)，可得

$$\widetilde{\overset{\rangle\langle}{\boldsymbol{P}}} = \boldsymbol{Q} \cdot \overset{\rangle\langle}{\boldsymbol{P}}, \quad \widetilde{\overset{\langle\langle}{\boldsymbol{T}}} = \overset{\langle\langle}{\boldsymbol{T}}. \tag{4.2.18}$$

4.3　基本定律的无差异性

物体的力学性质与时空系的选择是无关的. 不管观察者处于何种运动状态，他所观察到的力学性质都应该是相同的.

我们假定质量和力分别是时空系中无差异的标量和矢量. Jacobi 行列式是一个标量，满足时空系变换关系(4.1.4)，所以是客观性的. 由此，质量守恒定律(3.1.4) 依然不变：

$$\tilde{\rho}\,\tilde{\mathscr{J}}=\mathscr{J}_0=\rho\,\mathscr{J}, \tag{4.3.1}$$

因而有

$$\tilde{\rho}=\rho.$$

这说明质量密度是客观性的.

在动量守恒律的局部形式 ——Cauchy 动量方程

$$\overset{\rightharpoonup\rightharpoonup}{\boldsymbol{\sigma}}\cdot\overset{\rightharpoonup}{\nabla}+\rho\boldsymbol{f}=\rho\boldsymbol{a} \tag{4.3.2}$$

里，体力项是客观性的. 为讨论左端第一项，将(4.1.2) 在笛卡儿坐标系里写成

$$x_{\tilde{r}}\boldsymbol{g}_{\tilde{r}}=\boldsymbol{Q}\cdot(x_r\boldsymbol{g}_r)+\boldsymbol{b}\quad\text{或}\quad\boldsymbol{Q}^{\mathrm{T}}\cdot(x_{\tilde{r}}\boldsymbol{g}_{\tilde{r}})=x_r\boldsymbol{g}_r+\boldsymbol{Q}^{\mathrm{T}}\cdot\boldsymbol{b} \tag{4.3.3}$$

分别对 x_s 及 $x_{\tilde{s}}$ 求导，又有

$$x_{\tilde{r},r}\boldsymbol{g}_{\tilde{r}}=\boldsymbol{Q}\cdot\boldsymbol{g}_r,\quad\boldsymbol{Q}^{\mathrm{T}}\cdot\boldsymbol{g}_{\tilde{r}}=x_{r,\tilde{r}}\boldsymbol{g}_r, \tag{4.3.4}$$

$$x_{\tilde{r},r}=\boldsymbol{g}_{\tilde{r}}\cdot\boldsymbol{Q}\cdot\boldsymbol{g}_r=\boldsymbol{g}_r\cdot\boldsymbol{Q}^{\mathrm{T}}\cdot\boldsymbol{g}_{\tilde{r}}=x_{r,\tilde{r}}. \tag{4.3.5}$$

考虑到(4.3.4) 和(4.3.5)，得

$$\begin{aligned}\tilde{\overset{\rightharpoonup\rightharpoonup}{\boldsymbol{\sigma}}}\cdot\tilde{\overset{\rightharpoonup}{\nabla}}&=(\boldsymbol{Q}\cdot\overset{\rightharpoonup\rightharpoonup}{\boldsymbol{\sigma}}\cdot\boldsymbol{Q}^{\mathrm{T}})_{,\tilde{r}}\cdot\boldsymbol{g}_{\tilde{r}}=\boldsymbol{Q}\cdot(\overset{\rightharpoonup\rightharpoonup}{\boldsymbol{\sigma}}_{,r}x_{r,\tilde{r}})\cdot\boldsymbol{Q}^{\mathrm{T}}\cdot\boldsymbol{g}_{\tilde{r}}\\&=\boldsymbol{Q}\cdot(\overset{\rightharpoonup\rightharpoonup}{\boldsymbol{\sigma}}_{,r}x_{\tilde{r},r})\cdot(x_{s,\tilde{r}}\boldsymbol{g}_s)=\boldsymbol{Q}\cdot\overset{\rightharpoonup\rightharpoonup}{\boldsymbol{\sigma}}_{,r}\cdot\boldsymbol{g}_r=\boldsymbol{Q}\cdot(\overset{\rightharpoonup\rightharpoonup}{\boldsymbol{\sigma}}\cdot\overset{\rightharpoonup}{\nabla})\end{aligned} \tag{4.3.6}$$

故 $\overset{\rightharpoonup\rightharpoonup}{\boldsymbol{\sigma}}\cdot\overset{\rightharpoonup}{\nabla}$ 也是客观性的. 余下一个惯性项.

我们称，在其中以 $\boldsymbol{a}=\ddot{\boldsymbol{x}}$ 为定义的加速度是客观性的所有的参考标架的惯性系 (inertia system). 对惯性系进行 Galileo 变换仍然为惯性系. 对于非惯性系，如果以

$$\tilde{\boldsymbol{a}}=\ddot{\tilde{\boldsymbol{x}}}-\ddot{\boldsymbol{b}}+(\boldsymbol{A}^2-\dot{\boldsymbol{A}})\cdot(\tilde{\boldsymbol{x}}-\boldsymbol{b})-2\boldsymbol{A}\cdot(\dot{\tilde{\boldsymbol{x}}}-\dot{\boldsymbol{b}}) \tag{4.3.7}$$

定义加速度，则加速度也是客观矢量了：

$$\tilde{\boldsymbol{a}}=\boldsymbol{Q}\cdot\boldsymbol{a}. \tag{4.3.8}$$

在此情况下，

$$\tilde{\overset{\rightharpoonup\rightharpoonup}{\boldsymbol{\sigma}}}\cdot\tilde{\overset{\rightharpoonup}{\nabla}}+\tilde{\rho}\tilde{\boldsymbol{f}}-\tilde{\rho}\tilde{\boldsymbol{a}}=\boldsymbol{Q}\cdot(\overset{\rightharpoonup\rightharpoonup}{\boldsymbol{\sigma}}\cdot\overset{\rightharpoonup}{\nabla}+\rho\boldsymbol{f}-\rho\boldsymbol{a}), \tag{4.3.9}$$

动量守恒律是客观性的.

由 Cauchy 应力张量的客观性(4.2.15)，又可知动量矩守恒律是客观性的.

由于

$$\begin{aligned}\widetilde{\overset{\gg}{\boldsymbol{\sigma}}} : \widetilde{\overset{\gg}{\boldsymbol{d}}} &= \operatorname{tr}(\widetilde{\overset{\gg}{\boldsymbol{\sigma}}} \cdot \widetilde{\overset{\gg}{\boldsymbol{d}}}) = \operatorname{tr}(\boldsymbol{Q} \cdot \overset{\gg}{\boldsymbol{\sigma}} \cdot \boldsymbol{Q}^{\mathrm{T}} \cdot \boldsymbol{Q} \cdot \overset{\gg}{\boldsymbol{d}} \cdot \boldsymbol{Q}^{\mathrm{T}}) \\ &= \operatorname{tr}(\boldsymbol{Q} \cdot \overset{\gg}{\boldsymbol{\sigma}} \cdot \overset{\gg}{\boldsymbol{d}} \cdot \boldsymbol{Q}^{\mathrm{T}}) = \operatorname{tr}(\overset{\gg}{\boldsymbol{d}} \cdot \boldsymbol{Q}^{\mathrm{T}} \cdot \boldsymbol{Q} \cdot \overset{\gg}{\boldsymbol{\sigma}}) = \operatorname{tr}(\overset{\gg}{\boldsymbol{d}} \cdot \overset{\gg}{\boldsymbol{\sigma}}) = \overset{\gg}{\boldsymbol{\sigma}} : \overset{\gg}{\boldsymbol{d}}. \end{aligned} \tag{4.3.10}$$

能量守恒律也是客观性的.

类似地可以证明，熵平衡方程也是客观性的.

第 5 章　本构理论

5.1　本构方程的一般原理

对任何材料均成立的各守恒律不足以确定物体在外载荷作用下的反应，因为它的反应是随材料而异的. 本构关系(constitutive relation)是材料性质从经验加以抽象化的数学表现. 每一个本构关系定义一种理想材料. 研究本构关系是连续介质力学的重要内容之一，是很难的课题.

为保证理论的正确性，建立本构关系要遵循一定的正确的原理. 有些作者称之为公理，不同作者提出过不同的公理体系. 今将主要的列举如下.

(1) 确定性原理(principle of determinesm)　材料在时刻 t 的行为由物体在该时刻以前的全部历史所确定.

(2) 局部作用原理(principle of local action)　物质点 $\boldsymbol{X}$ 在时刻 t 的行为只由该点任意小邻域的运动历史所确定.

(3) 坐标不变性原理(principle of coordinate invariance)　本构关系与坐标系无关(采用张量记法或抽象记法就自然满足).

(4) 客观性原理(objectivity principle)　本构关系与持有不同时钟和进行不同运动的观察者无关，或者说，本构关系对于作刚性运动的参考标架具有不变性(本原理也叫标架无差异原理(principle of material frame-indifference).

其中客观性原理具有特殊重要性.

5.1.1　确定性原理

在时刻 t，物体 $\mathscr{B}$ 占有构形 $\boldsymbol{\chi}$，物质点 $\boldsymbol{X}$ 在构形 $\boldsymbol{\chi}$ 中所占的位置为 $\boldsymbol{x}$，为表示从过去

到现在 t 的运动的历史，我们以现在为原点，把随着追溯过去而增加的时间设为 s. 于是从现在回到过去 s 的时间则为 $t-s$. 我们以

$$\boldsymbol{x}=\boldsymbol{\chi}(\boldsymbol{X},\ t-s)\equiv\boldsymbol{\chi}^{t}(\boldsymbol{X},\ s),\quad 0\leqslant s<\infty \tag{5.1.1}$$

来表示物质点 $\boldsymbol{X}$ 运动的全部历史.

确定性原理认为，物质点 X 处的Cauchy应力 $\overset{\gg}{\boldsymbol{\sigma}}$ 完全由物体 $\mathscr{B}$ 的迄今为止运动全部历史所决定，即

$$\overset{\gg}{\boldsymbol{\sigma}}(\boldsymbol{X},\ t)=\mathscr{F}(\boldsymbol{x}^{t},\ \boldsymbol{X},\ t). \tag{5.1.2}$$

此处 $\mathscr{F}$ 是以 $\boldsymbol{X}$ 与 t 为参数的泛函，其中 $\boldsymbol{x}^{t}$ 表示物体 B 的所有物质点的运动历史. 且 $\mathscr{F}$ 取对称张量值. 亦即，物体 $\mathscr{B}$ 中物质点 $\boldsymbol{X}$ 在时刻 t 所具有的应力，由构成物体的全部物质点运动的全部历史唯一确定. $\mathscr{F}$ 称作本构泛函(constitutive functional). 式(5.1.2) 表示由 $\mathscr{F}$ 定义的理想物质的本构方程(constitutive equations).

5.1.2 局部作用原理

按照本构方程(5. 1. 2)，物质点 $\boldsymbol{X}$ 上的应力将受到物体 $\mathscr{B}$ 的全部物质点的影响. 例如，离开 $\boldsymbol{X}$ 有限距离的物质点的运动，将给 $\boldsymbol{X}$ 上的应力以影响. 另一方面，我们从接触力定义了应力，可以说，所谓应力的概念实质上是以局部作用为前提的. 因此认为，最好把远距离作用从本构方程(5.1.2) 中除去.

局部作用原理认为离开物质点 $\boldsymbol{X}$ 有限距离的物质点 $\boldsymbol{Z}$ 的运动与 $\boldsymbol{X}$ 上的应力无关.

设 $\boldsymbol{X}$ 的邻域为 $\mathscr{N}(\boldsymbol{X})$，考虑一个以参考构形 $\boldsymbol{\kappa}$ 上点 $\boldsymbol{X}$ 为中心，ε 为半径的小球，并以此球包括的范围表示 $\boldsymbol{X}$ 的邻域. 对 $\mathscr{N}(\boldsymbol{X})$ 内任意物质点 $\boldsymbol{Z}$，我们有

$$|\boldsymbol{Z}-\boldsymbol{X}|<\varepsilon. \tag{5.1.3}$$

现在，考虑两个运动历史 $\boldsymbol{\chi}$ 和 $\tilde{\boldsymbol{\chi}}$，设两者在邻域 $\mathscr{N}(\boldsymbol{X})$ 之内，在所有时间 $0\leqslant s<t$ 上是一致的，而在外部两者一般并不相同.

依照局部作用原理，必有

$$\mathscr{F}(\tilde{\boldsymbol{\chi}}^{t};\ \boldsymbol{X},\ t)=\mathscr{F}(\boldsymbol{\chi}^{t};\ \boldsymbol{X},\ t). \tag{5.1.4}$$

这一关系不管邻域半径如何小，也必须成立. 亦即，在充分接近物质点 $\boldsymbol{X}$ 处，如果运动历史一致，那就在物质点 $\boldsymbol{X}$ 上产生了同一应力.

5.1.3 客观性原理

我们可以认为物质的性质不随观察者变化而变化. 在经典力学中，所谓观察者就代表了时空系. 变动观察这就意味着时空系的变换. 由此可以认为，表示物质性质的本构

方程是时空无差异的.

客观性原理有如下要求. 对于无差异的两个力学过程($\boldsymbol{\chi}$, t) 和($\tilde{\boldsymbol{\chi}}$, $\tilde{t}$), 其本构泛函$\mathscr{F}$应是相同的. 即

$$\tilde{\overset{\rightrightarrows}{\boldsymbol{\sigma}}}(X, \tilde{t}) = \mathscr{F}(\tilde{\boldsymbol{\chi}}^{t}; X, \tilde{t}) \tag{5.1.5}$$

对于从式(4.1.13) 与式(4.3.2) 所得出的一切 $\tilde{\boldsymbol{\chi}}$, $\tilde{t}$, $\tilde{\overset{\rightrightarrows}{\boldsymbol{\sigma}}}$, 上式都成立.

严格地说，满足上述三个原理的泛函 $\mathscr{F}$，才能称作本构泛函.

一个不考虑热力学效应的纯粹力学理论，现在有了完整的场方程：

连续性方程

$$\frac{\partial \rho}{\partial t} + \operatorname{div}(\rho v) = 0, \tag{5.1.6}$$

运动方程

$$\overset{\rightrightarrows}{\boldsymbol{\sigma}} \cdot \overset{\rightarrow}{\nabla} + \rho \boldsymbol{f} = \rho \boldsymbol{a}, \tag{5.1.7}$$

本构方程

$$\overset{\rightrightarrows}{\boldsymbol{\sigma}} = \mathscr{F}(\boldsymbol{x}^{t}; \boldsymbol{X}, t). \tag{5.1.8}$$

这组方程中，未知函数为 ρ, $\boldsymbol{v}$, $\overset{\rightrightarrows}{\boldsymbol{\sigma}}$，一共 10 个未知标量函数，而这组场方程正好提供 10 个标量方程. 结合边界条件与初始条件，我们就可以求解这组方程，得到物体 $\mathscr{B}$ 的运动变形规律及物体内部的应力状态.

5.2　简单物质的本构方程

连续介质的本构方程，由 Noll 的决定性原理、局部作用原理和时空系无差异原理所规定. 因此，应力就成为从无限过去到现在的邻域运动历史的泛函，称为本构泛函. 而这个本构泛函还必须是时空无差异的. 事实上这三个原理所限定的连续介质是极其广泛的，为使问题简单化，我们选取简单的连续介质，设想其力学行为只依赖于物质点自身的变形梯度历史.

设在参考构形 $\boldsymbol{\kappa}$ 上物质点 X 的位置为 $\boldsymbol{X}$. 考虑以 $\boldsymbol{X}$ 作为中心的一个十分小的邻域 $\mathscr{N}(\boldsymbol{X})$. 设其中一点为 $\boldsymbol{Z} \in \mathscr{N}(\boldsymbol{X})$. $\boldsymbol{Z}$ 的运动历史 $\boldsymbol{\chi}^{t}(\boldsymbol{Z}, s)$，由式(2.3.2) 取一次近似，可表示为

$$\boldsymbol{\chi}^{t}(\boldsymbol{Z}, s) = \boldsymbol{\chi}^{t}(\boldsymbol{X}, s) + \boldsymbol{F}^{t}(X, s)\boldsymbol{\chi}^{t}(\boldsymbol{Z} - \boldsymbol{X}), \tag{5.2.1}$$

这里，$\boldsymbol{F}^{t}(\boldsymbol{X}, s)$ 是 $\boldsymbol{X}$ 点的变形梯度的历史. 因此，在本构方程(5.1.2) 中，对物质点 $\boldsymbol{X}$ 的

邻域$\mathscr{N}(\boldsymbol{X})$的依存关系，在一次近似下，能够置换成对$\boldsymbol{F}^t(\boldsymbol{X},s)$的依存关系，亦即

$$\overset{\rangle\rangle}{\boldsymbol{\sigma}}(\boldsymbol{X},t)=\mathscr{F}_\kappa(\overset{\rangle\langle}{\boldsymbol{F}^t}(\boldsymbol{X},s);X). \tag{5.2.2}$$

如果不把上式作为近似，而严格地把它作为本构方程的物质，称作简单物质(simple materials)，即对于简单物质，运动历史的影响可以通过变形梯度的历史来表示. 通常上式可简写为

$$\overset{\rangle\rangle}{\boldsymbol{\sigma}}(\boldsymbol{X},t)=\mathscr{F}_\kappa(\boldsymbol{F}^t(s))=\mathscr{F}_\kappa(\boldsymbol{F}^t)=\mathscr{F}(\boldsymbol{F}^t). \tag{5.2.3}$$

$\mathscr{F}_\kappa$是对于时间的泛函，依赖于参考构形$\boldsymbol{\kappa}$，叫做响应泛函(response functional). 一般情况下，若取无畸变、无应力状态作为初始构形，则响应泛函$\mathscr{F}$依赖于参考构形$\boldsymbol{\kappa}$的选取.

根据式(2.8.6)，对于无畸变、无应力的初始参考构形$\boldsymbol{\kappa}_1$和任意参考构形$\boldsymbol{\kappa}_2$，其变形梯度满足$\boldsymbol{F}_1=\boldsymbol{F}_2\cdot\boldsymbol{P}$，此处$\boldsymbol{P}$表示从$\boldsymbol{\kappa}_1$到$\boldsymbol{\kappa}_2$的变形梯度，与时间无关. 将式(2.8.6)代入式(5.2.3)，得

$$\mathscr{F}_{\kappa 1}(\boldsymbol{F}_1^t)=\mathscr{F}_{\kappa 1}(\boldsymbol{F}_2^t\cdot P)\equiv\mathscr{F}_{\kappa 2}(\boldsymbol{F}_2^t). \tag{5.2.4}$$

这定义了一个新的泛函$\mathscr{F}_{\kappa 2}$，它是以$\boldsymbol{\kappa}_2$为参考构形时的本构泛函. 于是本构方程成为

$$\overset{\rangle\rangle}{\boldsymbol{\sigma}}(X,t)=\mathscr{F}_{\kappa 2}(\boldsymbol{F}_2^t). \tag{5.2.5}$$

可见，简单物质的定义与参考构形的选择无关. 本构泛函(5.2.3)描写的是简单物质的内禀性质. 当参考构形发生变换时，本构泛函的形式将发生变化，但并不影响简单物质的本质. 凡是在某个特定的参考构形中确认的简单物质，那么对于任意的参考构形也将是简单物质.

在实验室测定物质性质时，通常让物体经受均匀变形，在物体中变形梯度处处一样. 由于我们处理的是物性均匀的物体，因此，可以通过均匀变形历史来测定简单物质的本构泛函.

5.3 本构方程的简化形式

考虑简单物质，本构方程(5.2.3)体现了运动历史决定应力的关系，满足了确定性原理. 而变形梯度历史$\boldsymbol{F}^t(\boldsymbol{X},s)$只依赖物质点$\boldsymbol{X}$，所以也满足了局部作用原理. 但是本构方程还应满足时空系无差异原理. 现在来分析时空变换对本构方程的影响.

当时空系发生变换时，根据式(4.2.2)和式(4.2.15)，变形梯度与应力将变换为

$$\widetilde{\boldsymbol{F}}=\boldsymbol{Q}\cdot\boldsymbol{F},\quad \widetilde{\overset{\rangle\rangle}{\boldsymbol{\sigma}}}=\boldsymbol{Q}\cdot\overset{\rangle\rangle}{\boldsymbol{\sigma}}\cdot\boldsymbol{Q}^{\mathrm{T}}.$$

根据时空系无差异原理，本构泛函 $\mathscr{F}$将保持不变. 所以有

$$\mathscr{F}(\boldsymbol{Q}^t(s)\cdot\boldsymbol{F}^t(s),\ t)=\boldsymbol{Q}(t)\cdot\mathscr{F}(\boldsymbol{F}(s),\ t)\cdot\boldsymbol{Q}^{\mathrm{T}}(t),\tag{5.3.1}$$

式中 $\boldsymbol{Q}^t(s)$ 表示时空系变换正交张量 $\boldsymbol{Q}$ 的历史. 为使本构泛函是时空系无差异的，对于全部正交张量历史 $\boldsymbol{Q}^t(s)$，及全部非奇异张量历史 $\boldsymbol{F}^t(s)$，关系式(5.3.1) 必须恒等.

考察变形梯度的极分解，$\boldsymbol{F}^t=\boldsymbol{R}^t\cdot\boldsymbol{U}^t$，故有

$$\mathscr{F}(\boldsymbol{F}^t)=\boldsymbol{Q}^{\mathrm{T}}\cdot\mathscr{F}(\boldsymbol{Q}^t\cdot\boldsymbol{R}^t\cdot\boldsymbol{U}^t)\cdot\boldsymbol{Q},\tag{5.3.2}$$

由于 $\boldsymbol{Q}^t$ 是任意的，特别地，我们取 $\boldsymbol{Q}^t=\boldsymbol{R}^{t\mathrm{T}}$，这样就得到

$$\mathscr{F}(\boldsymbol{F}^t)=\boldsymbol{R}\cdot\mathscr{F}(\boldsymbol{U}^t)\cdot\boldsymbol{R}^{\mathrm{T}}.\tag{5.3.3}$$

反过来，如果式(5.3.3)对任意的变形梯度历史 $\boldsymbol{F}^t(s)$ 都成立，那么式(5.3.1)必然得到满足. 因此，式(5.3.3)恒成立的本构泛函 $\mathscr{F}$，必定满足时空系无差异原理. 事实上，在式(5.3.3) 中，以 $\boldsymbol{Q}^t\cdot\boldsymbol{F}^t$ 替代 $\boldsymbol{F}^t(s)$，它的极分解为

$$\boldsymbol{Q}^t\cdot\boldsymbol{F}^t=(\boldsymbol{Q}^t\cdot\boldsymbol{R}^t)\cdot\boldsymbol{U}^t,\tag{5.3.4}$$

代入式(5.3.3) 式，得到

$$\begin{aligned}\mathscr{F}(\boldsymbol{Q}^t\cdot\boldsymbol{F}^t)&=(\boldsymbol{Q}\cdot\boldsymbol{R})\cdot\mathscr{F}(\boldsymbol{U}^t)\cdot(\boldsymbol{Q}\cdot\boldsymbol{R})^{\mathrm{T}}=\boldsymbol{Q}\cdot(\boldsymbol{R}\cdot\mathscr{F}(\boldsymbol{U}^t)\cdot\boldsymbol{R}^{\mathrm{T}})\cdot\boldsymbol{Q}^{\mathrm{T}}\\&=\boldsymbol{Q}\cdot\mathscr{F}(\boldsymbol{F}^t)\cdot\boldsymbol{Q}^{\mathrm{T}}.\end{aligned}$$

这就是式(5.3.1)，也就是证明了本构泛函满足时空系无差异原理. 由此证明，简单物质的本构方程可改写为

$$\overset{\gg}{\boldsymbol{\sigma}}=\boldsymbol{R}\cdot\mathscr{F}(\boldsymbol{U}^t)\cdot\boldsymbol{R}^{\mathrm{T}}.\tag{5.3.5}$$

众所周知，变形梯度可分解为刚体转动和纯粹伸长变形. 式(5.3.5) 表明，转动的过去历史对应力不产生影响. 对应力有影响的只是现时的旋转. 在变形历史中，只有纯粹伸长历史对应力起作用.

式(2.5.45) 表明，右伸长张量 $\overset{\ll}{\boldsymbol{U}}$ 与右 Cauchy-Green 张量 $\overset{\ll}{\boldsymbol{C}}$ 之间存在一一对应关系 $\overset{\ll}{\boldsymbol{U}}{}^2=\overset{\ll}{\boldsymbol{C}}$，因此，我们也可用 $\overset{\ll}{\boldsymbol{C}}$ 代替 $\overset{\ll}{\boldsymbol{U}}$ 建立新的本构泛函.

现在我们来考虑其他简化式. 以现时构形作为参考构形来表示变形梯度历史时，有

$$\boldsymbol{F}^t(s)=\boldsymbol{F}_t^t(s)\cdot\boldsymbol{F}(t),\tag{5.3.6}$$

式中 $\boldsymbol{F}_t^t(s)$ 表示由现时构形到时刻 s 构形之间的变形梯度. 对上式进行极分解

$$\boldsymbol{F}^t(s)=\boldsymbol{R}_t^t(s)\cdot\boldsymbol{U}_t^t(s)\cdot\boldsymbol{R}(t)\cdot\boldsymbol{U}(t).\tag{5.3.7}$$

将式(5.3.7) 代入式(5.3.3)，得到

$$\mathscr{F}(\boldsymbol{F}^t(s))=\mathscr{F}(\boldsymbol{F}_t^t(s)\cdot\boldsymbol{F}(t))=\boldsymbol{Q}^{\mathrm{T}}(t)\cdot\mathscr{F}(\boldsymbol{Q}^t(s)\cdot\boldsymbol{R}_t^t(s)\cdot\boldsymbol{U}_t^t(s)\cdot\boldsymbol{R}(t)\cdot\boldsymbol{U}(t))\cdot\boldsymbol{Q}.$$

设 $\boldsymbol{Q}^t=\boldsymbol{R}_t^{t\mathrm{T}}$，就得出

$$\mathscr{F}(\boldsymbol{F}^t(s)) = \mathscr{F}(\boldsymbol{U}_t^t(s)\cdot\boldsymbol{R}(t)\cdot\boldsymbol{U}(t)). \tag{5.3.8}$$

这里，利用了 $\boldsymbol{R}_t^t(0)=\boldsymbol{I}$ 的关系.

考虑任意张量 $\boldsymbol{T}$，定义一个张量 $\bar{\boldsymbol{T}}$，

$$\bar{\boldsymbol{T}} = \boldsymbol{R}(t)^{\mathrm{T}}\cdot\boldsymbol{T}\cdot\boldsymbol{R}(t). \tag{5.3.9}$$

从 $\boldsymbol{U}_t^t\cdot\boldsymbol{R}=\boldsymbol{R}\cdot\bar{\boldsymbol{U}}_t^t$ 与式，得到

$$\mathscr{F}(\boldsymbol{F}^t) = \boldsymbol{R}\cdot\mathscr{F}(\bar{\boldsymbol{U}}_t^t\cdot\boldsymbol{U})\cdot\boldsymbol{R}^{\mathrm{T}}, \tag{5.3.10}$$

并且可以表示为

$$\bar{\boldsymbol{\sigma}} = \mathscr{R}(\bar{\boldsymbol{C}}_t^t;\ \boldsymbol{C}(t)), \tag{5.3.11}$$

式中

$$\bar{\boldsymbol{C}}_t^t = (\bar{\boldsymbol{U}}_t^t)^2,\quad \boldsymbol{C}(t)=\boldsymbol{U}^2.$$

在本构方程中，$\bar{\boldsymbol{C}}_t^t$ 是从现时构形所测出的相对变形张量历史，而 $\boldsymbol{C}(t)$ 是从参考构形测出的现在变形张量.

5.4 内部约束

在本构关系表达式中，并未对物体的变形和运动给予某种特殊的限制. 应变场唯一需要满足的约束条件就是协调条件. 本节中将考虑有这样一种材料所构成的物体，它们的变形和运动服从某种限制性条件，称之为内部约束(internal restraint). 也就是说，由具有内部约束的材料所构成的物体，存在着某种不可能实现的变形和运动. 对于给定的物质点 $\boldsymbol{X}$ 来说，简单物质的内部约束条件可用若干个标量方程来表示. 为简单起见，这里只讨论由一个标量方程表示内部约束条件：

$$\Lambda(\boldsymbol{F})=0, \tag{5.4.1}$$

上式中的 $\boldsymbol{F}$ 为对应于点 $\boldsymbol{X}$ 的变形梯度. 由客观性原理，上式也可写作

$$\Lambda(\boldsymbol{Q}\cdot\boldsymbol{F})=0,$$

其中 $\boldsymbol{Q}$ 为任意正交张量. 注意到 $\boldsymbol{F}=\boldsymbol{R}\cdot\boldsymbol{U}$，并取 $\boldsymbol{Q}=\boldsymbol{R}^{\mathrm{T}}$，则上式成为

$$\Lambda(\boldsymbol{U})=0, \tag{5.4.2}$$

或者等价地写为

$$\Lambda_0(\boldsymbol{C})=0, \tag{5.4.3}$$

其中 $\boldsymbol{C}=\boldsymbol{U}^2$ 为右 Cauchy-Green 张量. 因为由 $\boldsymbol{U}$ 或 $\boldsymbol{C}$ 可得到相应的 Lagrange 型应变度量，所以上式可看作为应变空间中的超曲面. 在物体变形过程中，式(5.4.3) 始终成立，故有

$$\frac{\mathrm{d}\Lambda}{\mathrm{d}\boldsymbol{U}}:\dot{\boldsymbol{U}}=0\quad \text{或}\quad \frac{\mathrm{d}\Lambda_0(\boldsymbol{C})}{\mathrm{d}\boldsymbol{C}}:\dot{\boldsymbol{C}}=0,\tag{5.4.4}$$

上式中 $\mathrm{d}\Lambda_0/\mathrm{d}\boldsymbol{C}$ 和 $\dot{\boldsymbol{C}}$ 分别沿超曲面 $\Lambda_0(\boldsymbol{C})=0$ 的“法向”和“切向”.

其中：$\mathrm{d}\Lambda_0/\mathrm{d}\boldsymbol{C}$ 为超曲面 $\Lambda_0(\boldsymbol{C})=0$ 的梯度.

现在讨论与以上变形相对应的应力. 由(3.4.1)和(3.4.2)式，参考构形中单位体积的变形功率为

$$\mathscr{J}\boldsymbol{\sigma}:\boldsymbol{d}=\boldsymbol{\tau}:\boldsymbol{d}=\boldsymbol{P}:\dot{\boldsymbol{F}}=\boldsymbol{T}:\dot{\boldsymbol{E}}=\frac{1}{2}\boldsymbol{T}:\dot{\boldsymbol{C}},\tag{5.4.5}$$

其中第二类 Piola-Kirchhoff 应力 $\boldsymbol{T}$ 与 Green 应变 $\boldsymbol{E}$ 相功共轭. 若假定 $\boldsymbol{T}$ 可分解为两部分

$$\boldsymbol{T}=\boldsymbol{T}_N+\boldsymbol{T}_A,$$

其中第一部分 $\boldsymbol{T}_N$ 在应力空间中沿超曲面 $\Lambda_0(\boldsymbol{C})=0$ 的“法向”$\mathrm{d}\Lambda_0/\mathrm{d}\boldsymbol{C}$，即

$$\boldsymbol{T}_N=-p\,\frac{\mathrm{d}\Lambda}{\mathrm{d}\boldsymbol{C}},\tag{5.4.6}$$

其中 p 为某一标量因子，则由式(5.4.4)和式(5.4.5)可知，与 $\boldsymbol{T}_N$ 相对应的变形功率为零. 这说明，对于具有内部约束的简单物质，由于存在着不能实现的运动(即 $\dot{\boldsymbol{C}}$ 不与超曲面 $\Lambda_0(\boldsymbol{C})=0$ 相切的运动)，就需要维持这种内部约束的应力 $\boldsymbol{T}_N$，它不能由物体的运动历史来确定，而只能由场方程和边界条件来加以确定. 这样的应力称之为非确定应力，它在可能的运动上是不做功的.

于是，应力张量可写为“非确定应力”与由内约束条件下的变形和运动历史所确定的“确定应力”两部分之和.

对应于 Cauchy 应力的“非确定应力”可写为

$$\boldsymbol{\sigma}_N=\frac{1}{\mathscr{J}}\boldsymbol{F}\cdot\boldsymbol{T}_N\cdot\boldsymbol{F}^{\mathrm{T}}=-\frac{p}{\mathscr{J}}\boldsymbol{F}\cdot\frac{\mathrm{d}\Lambda_0}{\mathrm{d}\boldsymbol{C}}\cdot\boldsymbol{F}^{\mathrm{T}},\tag{5.4.7}$$

其中 $\mathscr{J}=\det\boldsymbol{F}$. 事实上，由于 $\overset{\langle\langle}{\boldsymbol{T}}=\overset{\langle\rangle}{\boldsymbol{F}}{}^{-1}\cdot\overset{\rangle\langle}{\boldsymbol{P}}$，$\overset{\rangle\langle}{\boldsymbol{P}}=\overset{\rangle\rangle}{\boldsymbol{\tau}}\cdot\overset{\rangle\langle}{\boldsymbol{F}}{}^{-\mathrm{T}}$，$\overset{\rangle\rangle}{\boldsymbol{\tau}}=\mathscr{J}\overset{\rangle\rangle}{\boldsymbol{\sigma}}$，我们有

$$\overset{\langle\langle}{\boldsymbol{T}}=\overset{\langle\rangle}{\boldsymbol{F}}{}^{-1}\cdot\overset{\rangle\langle}{\boldsymbol{P}}=\overset{\langle\rangle}{\boldsymbol{F}}{}^{-1}\cdot\overset{\rangle\rangle}{\boldsymbol{\tau}}\cdot\overset{\rangle\langle}{\boldsymbol{F}}{}^{-\mathrm{T}}=\overset{\langle\rangle}{\boldsymbol{F}}{}^{-1}\cdot\mathscr{J}\overset{\rangle\rangle}{\sigma}\cdot\overset{\rangle\langle}{\boldsymbol{F}}{}^{-\mathrm{T}}.$$

现将第二类 P-K(Piola-Kirchhoff) 应力 $\overset{\langle\langle}{\boldsymbol{T}}$ 分解为 $\boldsymbol{T}=\boldsymbol{T}_N+\boldsymbol{T}_A$，同时将 cauchy 应力分解为 $\boldsymbol{\sigma}=\boldsymbol{\sigma}_N+\boldsymbol{\sigma}_A$，从而有

$$\overset{\rangle\rangle}{\boldsymbol{\sigma}}_N+\overset{\rangle\rangle}{\boldsymbol{\sigma}}_A=\frac{1}{\mathscr{J}}\overset{\langle\rangle}{\boldsymbol{F}}{}^{-1}\cdot(\overset{\langle\langle}{\boldsymbol{T}}_N+\overset{\langle\langle}{\boldsymbol{T}}_A)\cdot\overset{\rangle\langle}{\boldsymbol{F}}{}^{\mathrm{T}},$$

故有

$$\overset{\rangle\rangle}{\boldsymbol{\sigma}}_N=\frac{1}{\mathscr{J}}\overset{\langle\rangle}{\boldsymbol{F}}{}^{-1}\cdot\overset{\langle\langle}{\boldsymbol{T}}_N\cdot\overset{\langle\rangle}{\boldsymbol{F}}{}^{\mathrm{T}},\quad \overset{\rangle\rangle}{\boldsymbol{\sigma}}_A=\frac{1}{\mathscr{J}}\overset{\langle\rangle}{\boldsymbol{F}}{}^{-1}\cdot\overset{\langle\langle}{\boldsymbol{T}}_A\cdot\overset{\langle\rangle}{\boldsymbol{F}}{}^{\mathrm{T}}.$$

注意到 $\dot{\boldsymbol{C}}=2\dot{\boldsymbol{E}}=2\boldsymbol{F}^{\mathrm{T}}\cdot\boldsymbol{d}\cdot\boldsymbol{F}$，则式还可写为

$$\frac{\mathrm{d}\Lambda_0(\boldsymbol{C})}{\mathrm{d}\boldsymbol{C}}:(\boldsymbol{F}^{\mathrm{T}}\cdot\boldsymbol{d}\cdot\boldsymbol{F})=\left(\boldsymbol{F}\cdot\frac{\mathrm{d}\Lambda_0}{\mathrm{d}\boldsymbol{C}}\cdot\boldsymbol{F}^{\mathrm{T}}\right):\boldsymbol{d}=0,\tag{5.4.8}$$

因此，$\boldsymbol{\sigma}_N$ 满足

$$\boldsymbol{\sigma}_N:\boldsymbol{d}=\mathrm{tr}(\boldsymbol{\sigma}_N:\boldsymbol{d})=0,\tag{5.4.9}$$

上式中 $\boldsymbol{d}$ 是在内约束条件下的可能运动的变形率.

以下给出几个具有内部约束的简单物质的实例.

1. 不可压缩材料

许多液体和橡胶类材料可近似认为其体积是不可压缩的. 不可压缩材料的内部约束条件可写为

$$\Lambda(\boldsymbol{F})=\det\boldsymbol{F}-1=0,\tag{5.4.10}$$

或者

$$\Lambda(\boldsymbol{C})=\det\boldsymbol{C}-1=0.\tag{5.4.11}$$

根据质量守恒定律，上式等价于 $\rho=\rho_0$ 或 $\mathrm{tr}\boldsymbol{d}=\mathrm{div}\boldsymbol{v}=0$，即物体的变形是一种等容变形.

由 $\dfrac{\mathrm{d}(\det\boldsymbol{B})}{\mathrm{d}\boldsymbol{B}}=(\det\boldsymbol{B})\boldsymbol{B}^{\mathrm{T}}$ 可得 $\dfrac{\mathrm{d}\Lambda_0(\boldsymbol{C})}{\mathrm{d}\boldsymbol{C}}=\boldsymbol{C}^{-1}$，相应的“非确定应力”为

$$\boldsymbol{T}_N=-p\boldsymbol{C}^{-1},\tag{5.4.12}$$

或由式(5.4.7)，有

$$\boldsymbol{\sigma}_N=-p\boldsymbol{I}.\tag{5.4.13}$$

2.在方向 $\boldsymbol{N}_0$ 上不可伸长的材料

对于某些增强型复合材料，当纤维的刚度远大于基体材料的刚度时，常可近似认为材料沿纤维方向是不可伸长的. 现令 $\boldsymbol{N}_0$ 为参考构形中的单位向量，则对于在方向 $\boldsymbol{N}_0$ 上不可伸长的材料，其内部约束条件可由式(2.5.2) 式写为

$$\Lambda_0(\boldsymbol{C})=\boldsymbol{N}_0\cdot\boldsymbol{C}\cdot\boldsymbol{N}_0-1=0,\tag{5.4.14}$$

因此有

$$\frac{\mathrm{d}\Lambda_0(\boldsymbol{C})}{\mathrm{d}\boldsymbol{C}}=\boldsymbol{N}_0\boldsymbol{N}_0,\tag{5.4.15}$$

相应的“非确定应力”为

$$\boldsymbol{T}_N=-p\boldsymbol{N}_0\boldsymbol{N}_0,\tag{5.4.16}$$

或由式(5.4.7)，有

$$\boldsymbol{\sigma}_N = -\frac{p}{\mathscr{J}}\boldsymbol{nn}. \tag{5.4.17}$$

其中 $\boldsymbol{n} = \boldsymbol{F} \cdot \boldsymbol{N}_0$ 对应于变形后物体中的不可伸长方向.

3. Bell 材料

根据 Bell(1985) 对金属塑性大变形的试验结果，可假定材料满足如下一些内部约束条件，

$$\Lambda(\boldsymbol{U}) = \mathrm{tr}\boldsymbol{U} - 3 = \mathrm{tr}\boldsymbol{V} - 3 = 0, \tag{5.4.18}$$

或

$$\Lambda_0(\boldsymbol{C}) = \mathrm{tr}(\sqrt{\boldsymbol{C}}) - 3 = 0. \tag{5.4.19}$$

上式称之为 Bell 内部约束条件，满足 Bell 内部约束条件的材料称之为 Bell 材料. 从而

$$\frac{\mathrm{d}\Lambda_0(\boldsymbol{C})}{\mathrm{d}\boldsymbol{C}} = \frac{\mathrm{d}(\mathrm{tr}\boldsymbol{U})}{\mathrm{d}\boldsymbol{C}} = \frac{1}{2}\boldsymbol{U}^{-1} \tag{5.4.20}$$

因此，对应于 Bell 材料的非确定应力为

$$\boldsymbol{T}_N = -\frac{p}{2}\boldsymbol{U}^{-1}, \tag{5.4.21}$$

或由式(5.4.7)，有

$$\boldsymbol{\sigma}_N = -\frac{p}{2\mathscr{J}}\boldsymbol{V}, \tag{5.4.22}$$

其中 $\boldsymbol{V}$ 为左伸长张量.

4.刚性材料

刚性材料是完全不变性的材料，其内部约束条件为

$$\boldsymbol{C} - \boldsymbol{I} = \boldsymbol{0}. \tag{5.4.23}$$

因为此时 $\dot{\boldsymbol{C}} = \boldsymbol{0}$ 或 $\boldsymbol{d} = \boldsymbol{0}$，故应力的一切分量都是非确定的. 也就是说，无论施加怎样的应力都不可能使刚性物体变形. 因此，我们无法由物体的运动来确定作用在该物体上的应力.

5.5　各向同性物质

人们把系统(研究对象) 从一种状态变化到另一种状态称为一种变换(操作). 若一个系统经过某种变换，其前、后两状态相同(等价)，则称该系统对此变换(操作) 具有对称

性. 这里系统(研究对象) 可以是某一具体的物体、物理量, 也可以是某一物理定律, 因而对称性就是某一物体、物理量或物理定律在某种变换下的不变性.

物理学中最基本的对称性有:

(1) 空间或时间平移对称性. 在均匀、无限大的三维空间中, 沿任意方向移动任意距离, 这空间也是一样的, 具有平移对称性;在一个无任何标记的无限大平面上, 沿平面任意平移也具有对称性, 若此平面上布满方格, 则只有沿方格边移动边长的整数倍才有对称性.

(2) 旋转对称性. 一个球体, 无论怎样转动, 看上去都一样, 具有球对称性;一朵有5个花瓣的花, 绕中心轴转过 $2\pi/5$ 角, 看上去也毫无变化, 因而具有 $2\pi/5$ 角的旋转对称性;在各向同性(空间各方位都无不同) 的空间中, 绕任意轴或任意点旋转任意角度, 空间也是等价的, 具有旋转对称性.

(3) 镜像反射(反演) 对称. 人及物体的左右对称, 就是以中轴面为镜面的镜像对称;一个正三角形以中垂线为对称也是镜像对称;球体相对任一过球心的平面也是镜像对称的.

(4) 物理定律的对称性. 物理定律的对称性就是指物理定律经某种变换后形式不变. 在任何地方, 任何时间, 物体的运动都遵从相同的物理定律. 物理定律具有空间平移对称性和时间平移对称性;无论朝着哪个方位, 物体的运动都遵从相同的物理定律, 因而物理定律具有空间旋转对称性. 物体与其镜像的运动都遵从相同的定律, 说明物理定律具有镜像对称性;在时间反演下($t \to -t$), 力 $\boldsymbol{f}$、加速度 $\boldsymbol{a}$ 质量 m 都不变, 因而 Newton 运动定律 $\boldsymbol{f}=m\boldsymbol{a}$ 具有时间反演对称性;经典力学在 Galileo 变换下不变, 有对称性;电磁场 Maxwell 方程组则具有 Lorentz 变换的对称性.

5.5.1 物质对称性

在 5.2 节讨论的本构泛函时, 时空系无差异原理是一个普适原理. 也就是说对任何物质的本构泛函都是适用的. 对一些特殊材料, 我们可以发现对于其本构泛函的一些特殊的限制.

材料具有某种对称性, 实际上就是指对于某些参考构形 $\boldsymbol{\kappa}_1$ 与 $\boldsymbol{\kappa}_2$, 本构方程的形式相同.

变换律给出了当参考构形从无畸变、无应力构形 $\boldsymbol{\kappa}_1$ 变换成 $\boldsymbol{\kappa}_2$ 时, 本构泛函是如何变化的. 式(5.2.4) 定义了一个新的泛函 $\mathscr{F}_{\kappa 2}$, 它是以变形梯度 $\boldsymbol{F}_2^t$ 为宗量的时间泛函.

如果对某一类把参考构形由 $\boldsymbol{\kappa}_1$ 移至 $\boldsymbol{\kappa}_2$ 的变形梯度 $\boldsymbol{H}$，我们从应力响应中无法区分参考构形 $\boldsymbol{\kappa}_1$ 与 $\boldsymbol{\kappa}_2$ 之间的差别，也就是下列关系式对任意的变形梯度历史 $\boldsymbol{F}(\boldsymbol{X}, s)$ 都成立

$$\mathscr{F}_{\kappa 1}(\boldsymbol{F}^t(s)\cdot\boldsymbol{H},\ t)=\mathscr{F}_{\kappa 2}(\boldsymbol{F}^t(s),\ t) \tag{5.5.1}$$

那么参考构形 $\boldsymbol{\kappa}_1$ 与 $\boldsymbol{\kappa}_2$ 处于同等地位. 换言之，从参考构形 $\boldsymbol{\kappa}_1$ 出发，给物体 $\mathscr{B}$ 以变形梯度历史 $\boldsymbol{F}^t(s)$ 得到的应力 $\boldsymbol{\sigma}$ 与从参考构形 $\boldsymbol{\kappa}_2$ 出发，给物体 $\mathscr{B}$ 以相同的变形梯度历史 $\boldsymbol{F}^t(s)$ 得到的应力是相等的.

式(5.2.4) 表明，一般说来，本构泛函 $\mathscr{F}_{\kappa 2}$ 与 $\mathscr{F}_{\kappa 1}$ 并不相同. 只有 $\boldsymbol{P}$ 为某些特殊的 $\boldsymbol{H}$ 时

$$\mathscr{F}_{\kappa 2}(\boldsymbol{F}^t(s),\ t)\equiv\mathscr{F}_{\kappa 1}(\boldsymbol{F}^t(s),\ t) \tag{5.5.2}$$

由此导出(5.5.1).

如果对所有的变形梯度历史，式(5.5.1) 都成立，此时，称参考构形 $\boldsymbol{\kappa}_1$ 与 $\boldsymbol{\kappa}_2$ 为对称的(symmetric).

现在我们来考察所有使式得以满足的 $\boldsymbol{H}$ 集合 $\mathscr{G}$ 具有什么性质.

要使集合 $\mathscr{G}$ 成为群(group)，充要条件是在这个集合内能定义一种满足结合律的乘法. 这种结合律具有下面四个性质：

(1) 封闭性.对于 $\mathscr{G}$ 中的任意两个元素 $\boldsymbol{H}_1$，$\boldsymbol{H}_2$，其积 $\boldsymbol{H}_1\cdot\boldsymbol{H}_2$ 也是 $\mathscr{G}$ 中的元素.

(2) 结合律.$\boldsymbol{H}_1\cdot(\boldsymbol{H}_2\cdot\boldsymbol{H}_3)=(\boldsymbol{H}_1\cdot\boldsymbol{H}_2)\cdot\boldsymbol{H}_3$.

(3) 幺元.对 $\mathscr{G}$ 中的一切元素，满足 $\boldsymbol{H}\cdot\boldsymbol{I}=\boldsymbol{I}\cdot\boldsymbol{H}=\boldsymbol{H}$ 的单位元素 I 存在.

(4) 逆元.对 $\mathscr{G}$ 中的一切元素，逆元素 $\boldsymbol{H}^{-1}$ 存在，满足 $H\cdot\boldsymbol{H}^{-1}=\boldsymbol{H}^{-1}\cdot\boldsymbol{H}=\boldsymbol{I}$.

现在我们来证明，满足式(5.5.1) 的 $\boldsymbol{H}$ 的集合 $\mathscr{G}$ 构成群.

设 $\boldsymbol{H}_1$，$\boldsymbol{H}_2$，$\boldsymbol{H}_3\in\mathscr{G}$. 它们的乘法就定义为张量 $\boldsymbol{H}$ 之积. 两次使用式(5.5.1)，得

$$\mathscr{F}(\boldsymbol{F}^t(s)\cdot\boldsymbol{H}_1\cdot\boldsymbol{H}_2,\ t)=\mathscr{F}(\boldsymbol{F}^t(s)\cdot\boldsymbol{H}_1,\ t)=\mathscr{F}(\boldsymbol{F}^t(s),\ t),$$

由此看出，$\boldsymbol{H}_1\cdot\boldsymbol{H}_2\in\mathscr{G}$. 另外

$$\begin{aligned}\mathscr{F}(\boldsymbol{F}^t(s)\cdot\boldsymbol{H}_1\cdot(\boldsymbol{H}_2\cdot\boldsymbol{H}_3),\ t)&=\mathscr{F}(\boldsymbol{F}^t(s)\cdot\boldsymbol{H}_1,\ t)=\mathscr{F}(\boldsymbol{F}^t(s)\cdot\boldsymbol{H}_1\cdot\boldsymbol{H}_2,\ t)\\&=\mathscr{F}(\boldsymbol{F}^t(s)\cdot(\boldsymbol{H}_1\cdot\boldsymbol{H}_2)\cdot\boldsymbol{H}_3,\ t),\end{aligned}$$

所以

$$\boldsymbol{H}_1\cdot(\boldsymbol{H}_2\cdot\boldsymbol{H}_3)=(\boldsymbol{H}_1\cdot\boldsymbol{H}_2)\cdot\boldsymbol{H}_3.$$

单位张量 $\boldsymbol{I}$ 就是 $\mathscr{G}$ 的单位元. 张量 $\boldsymbol{H}$ 是参考构形 $\boldsymbol{\kappa}_1$ 到 $\boldsymbol{\kappa}_2$ 之间的变形梯度，因此是非奇异的. 逆张量 $\boldsymbol{H}^{-1}$ 唯一存在. 由于 $\boldsymbol{H}\cdot\boldsymbol{H}^{-1}=\boldsymbol{H}^{-1}\cdot\boldsymbol{H}=\boldsymbol{I}$，因此

$$\mathscr{F}(\boldsymbol{F}^t(s)\cdot\boldsymbol{H}^{-1}\cdot\boldsymbol{H},\ t)=\mathscr{F}(\boldsymbol{F}^t(s),\ t)=\mathscr{F}(\boldsymbol{F}^t(s)\cdot\boldsymbol{H}^{-1},\ t),$$

所以 $\boldsymbol{H}^{-1}$ 也属于 $\mathscr{G}$，它是 $\boldsymbol{H}$ 的逆元素.

综上所述，说明满足关系(5.5.1)的 $\boldsymbol{H}$ 集合 $\mathscr{G}$ 确实构成了群，称之为物质 $\mathscr{B}$ 的对称群(symmetric(al) group). 它反映了物质 $\mathscr{B}$ 具有某种对称性. 一般说来这种对称性依赖于 $\boldsymbol{\kappa}_1$ 的选取. 从物理学角度来考察，我们最感兴趣的是 $\boldsymbol{\kappa}_1$ 是无畸变、无应力的构形. 我们的分析主要是针对这种情况. 但是从数学的普遍性考察，$\boldsymbol{\kappa}_1$ 也可以是某个特定的参考构形，在这种情况下，对称群 $\mathscr{G}$ 将依赖于参考构形 $\boldsymbol{\kappa}_1$，所以用 $\mathscr{G}_\kappa$ 表示更为确切.

不难证明，变形梯度 $\boldsymbol{H}$ 描述是一种等容变形. 事实上，重复运用式 n 次，得到

$$\mathscr{F}(\boldsymbol{F}^t(s)\cdot\boldsymbol{H}^n,\ t)=\mathscr{F}(\boldsymbol{F}^t(s),\ t). \tag{5.5.3}$$

由参考构形 $\boldsymbol{\kappa}_1$ 到参考构形 $\boldsymbol{\kappa}_n$ 的变形梯度为 $\boldsymbol{H}^n$. 如果通过 $\boldsymbol{H}$ 变换，体积发生了变化，则构形 $\boldsymbol{\kappa}_n$ 与 $\boldsymbol{\kappa}_1$ 相比，体积有了膨胀或收缩. 当次数 n 充分大时，构形 $\boldsymbol{\kappa}_n$ 膨胀得很大或收缩得很小. 而此时，应力却不受影响，这与物理常识相违背. 所以有

$$|\det\boldsymbol{H}|=1.$$

保持体积不变的变形梯度集合构成了群，称之为材料对称群(material symmetry group)，又称为各向同性群(isotropy group)，记为 $\mathscr{U}$. 对称群为各向同性群的物质，是具有最大对称性的物质.

现在来分析参考构形 $\boldsymbol{\kappa}$ 发生变化时，对称群 $\mathscr{G}_\kappa$ 的变化规律.

设想参考构形 $\boldsymbol{\kappa}$ 通过变形梯度 $\boldsymbol{P}$ 转化为 $\boldsymbol{\kappa}^*$. 我们有

$$\boldsymbol{F}_\kappa^t(s)=\boldsymbol{F}_{\kappa^*}^t(s)\cdot\boldsymbol{P}, \tag{5.5.4}$$

代入式(5.5.1)得

$$\mathscr{F}_\kappa(\boldsymbol{F}^t(s)\cdot\boldsymbol{P},\ t)=\mathscr{F}_{\kappa^*}(\boldsymbol{F}_{\kappa^*}^t(s),\ t). \tag{5.5.5}$$

由式(5.5.5)和式(5.5.2)得

$$\mathscr{F}_{\kappa^*}(\boldsymbol{F}^t(s)\cdot\boldsymbol{P}^{-1},\ t)=\mathscr{F}_{\kappa^*}(\boldsymbol{F}_{\kappa^*}^t(s)\cdot\boldsymbol{H}\cdot\boldsymbol{P}^{-1},\ t), \tag{5.5.6}$$

在上式中以 $\boldsymbol{F}(s)\cdot\boldsymbol{P}$ 代替 $\boldsymbol{F}(s)$,

$$\mathscr{F}_{\kappa^*}(\boldsymbol{F}^t(s),\ t)=\mathscr{F}_{\kappa^*}(\boldsymbol{F}_{\kappa^*}^t(s)\cdot\boldsymbol{H}^*,\ t), \tag{5.5.7}$$

式中

$$\boldsymbol{H}^*=\boldsymbol{P}\cdot\boldsymbol{H}\cdot\boldsymbol{P}^{-1}. \tag{5.5.8}$$

公式(5.5.7)对一切变形历史都成立. 所以一切 $\boldsymbol{H}^*=\boldsymbol{P}\cdot\boldsymbol{H}\cdot\boldsymbol{P}^{-1}$ 的集合构成了对称群 $\mathscr{G}_{\kappa^*}$. 由此，得到对称群的变换律为

$$\mathscr{G}_{\kappa^*}=\boldsymbol{P}\cdot\mathscr{G}_\kappa\cdot\boldsymbol{P}^{-1}. \tag{5.5.9}$$

对称群是物质性质对称性的表现. 对称性随着物质变形而变化. 从这里可以看出对称群是依赖于参考构形的.

因此 $\mathscr{G}_{\kappa^*}$ 中的元素与 $\mathscr{G}_\kappa$ 中的元素之间有式(5.5.9)的一一对应关系. 故称 $\mathscr{G}_{\kappa^*}$ 与 $\mathscr{G}_\kappa$ 为同构的(isomorphic). 由于满足式的 $\boldsymbol{H}^*$ 与 H 称为共轭(conjugate)，故称满足式的 $\mathscr{G}_{\kappa^*}$ 与 $\mathscr{G}_\kappa$ 称为共轭群.

5.5.2　各向同性物质

如果对称群 $\mathscr{G}_\kappa$ 包含正交张量$\boldsymbol{Q}$，即$\boldsymbol{Q}\in\mathscr{G}_\kappa$. 那么其逆元素 $\boldsymbol{Q}^{-1}=\boldsymbol{Q}^{\mathrm{T}}$ 也属于 $\mathscr{G}_\kappa$. 在式(5.5.2) 中，以 $\boldsymbol{Q}^{\mathrm{T}}$ 代换 H，以 $\boldsymbol{Q}^t\cdot\boldsymbol{F}^t(s)$ 代换 $\boldsymbol{F}^t(s)$，得到

$$\mathscr{F}(\boldsymbol{Q}^t\cdot\boldsymbol{F}^t(s),\ t)=\mathscr{F}(\boldsymbol{Q}^t\cdot\boldsymbol{F}^t(s)\cdot\boldsymbol{Q}^{t\mathrm{T}},\ t).\tag{5.5.10}$$

另一方面，根据本构泛函的时空系无差异原理，对于任意的正交张量 $\boldsymbol{Q}^t(s)$ 历史，恒有

$$\mathscr{F}(\boldsymbol{Q}^t(s)\cdot\boldsymbol{F}^t(s),\ t)=\boldsymbol{Q}(t)\cdot\mathscr{F}(\boldsymbol{F}^t(s),\ t)\cdot\boldsymbol{Q}^{\mathrm{T}}(t).\tag{5.5.11}$$

特别选择 $\boldsymbol{Q}^t(s)\equiv\boldsymbol{Q}(t)$，代入式(5.5.10) 得出

$$\boldsymbol{Q}\cdot\mathscr{F}(\boldsymbol{F}^t(s),\ t)\cdot\boldsymbol{Q}^{\mathrm{T}}=\mathscr{F}(\boldsymbol{Q}\cdot\boldsymbol{F}^t(s)\cdot\boldsymbol{Q}^{\mathrm{T}},\ t).\tag{5.5.12}$$

关系式(5.5.12) 即是 $\boldsymbol{Q}$ 属于对称群 $\mathscr{G}_\kappa$ 的必要条件.

不难证实，式(5.5.12) 也是 $\boldsymbol{Q}\in\mathscr{G}_\kappa$ 的充分条件. 事实上，若式(5.5.12) 对一切变形历史 $\boldsymbol{F}^t(s)$ 都成立，则有时空系无差异原理，推得

$$\mathscr{F}(\boldsymbol{Q}^t\cdot\boldsymbol{F}^t(s),\ t)=\mathscr{F}(\boldsymbol{Q}^t\cdot\boldsymbol{F}^t(s)\cdot\boldsymbol{Q}^{t\mathrm{T}},\ t).$$

在上式中，以 $\boldsymbol{F}^t(s)$ 替换 $\boldsymbol{Q}^t\cdot\boldsymbol{F}^t(s)$，

$$\mathscr{F}(\boldsymbol{F}^t(s),\ t)=\mathscr{F}(\boldsymbol{F}^t(s)\cdot\boldsymbol{Q}^{t\mathrm{T}},\ t).\tag{5.5.13}$$

式(5.5.13) 表明 $\boldsymbol{Q}^{\mathrm{T}}\in\mathscr{G}_\kappa$，所以 $\boldsymbol{Q}\in\mathscr{G}_\kappa$.

总之，正交张量 $\boldsymbol{Q}$ 属于对称群 $\mathscr{G}_\kappa$ 的充要条件是式对所有 $\boldsymbol{F}^t(s)$ 成立.

不难证实，单位张量 $\boldsymbol{I}$ 及其反演($-\boldsymbol{I}$) 都是正交张量，且两者都满足式(5. 5. 12). 因此两者都属于对称群 $\mathscr{G}_\kappa$.

若物质的对称群 $\mathscr{G}_\kappa$ 只是含有两个元素 $\boldsymbol{I}$，$-\boldsymbol{I}$，除此以外不含有任何其他对称结构，那么它就是具有最小对称性的物质. 此时的对称群称为三斜群$\{\boldsymbol{I},\ -\boldsymbol{I}\}$，记为 $\mathscr{Q}$.

一般说来物质的对称群 $\mathscr{G}_\kappa$ 处于三斜群 $\mathscr{Q}$ 与材料对称群 $\mathscr{U}$ 之间

$$\mathscr{Q}\subset\mathscr{G}_\kappa\subset\mathscr{U}.\tag{5.5.14}$$

顾名思义，各向同性物质就是物质的性质不随参考标架方向变化的物质. 沿任意方向切下的各向同性物质的试验片做切片试验时，都能得到相同的本构泛函.

定义　如果有一参考构形 $\boldsymbol{\kappa}$，其材料对称群 $\mathscr{G}_\kappa$ 包含全部的正交变换群 $\mathscr{O}$:

$$\mathscr{O}\subseteq\mathscr{G}_\kappa.\tag{5.5.15}$$

则称材料为各向同性(isotropic)，而构形 $\boldsymbol{\kappa}$ 称为各向同性材料的非扭曲状态(undistorted *state*). 式中 $\mathscr{O}$ 是正交群，是所有正交张量的集合. 各向同性材料的非扭曲状态的材料对称群必包含全部的正交变换群;否则，如果对某状态其材料对称群不包含全部正交变换群，则此状态不是非扭曲状态.

只有适当选取的参考构形，各向同性物质才表现出式(5.5.15) 的性质. 如果选择不当，物质的各向同性性质将显示不出来. 对于那些无论怎样选取参考构形，式(5.5.15) 都不存在的物质，就称为各向异性(anisotropy).

对于各向同性物质，任意的正交张量 $\boldsymbol{Q}$ 都是对称群的元素. 当参考构形 $\boldsymbol{\kappa}$ 转换成参考构形 $\boldsymbol{\kappa}^*$ 的变形梯度 $\boldsymbol{P}$ 是一个任意正交张量时，则所有 $\boldsymbol{P}\cdot\boldsymbol{H}\cdot\boldsymbol{P}^{-1}\in\mathscr{G}_\kappa$，因此从式(5.5.9) 得出

$$\mathscr{G}_{\kappa^*}\subset\mathscr{G}_\kappa.$$

反过来也能证明 $\mathscr{G}_\kappa\subset\mathscr{G}_{\kappa^*}$，所以有

$$\mathscr{G}_{\kappa^*}\equiv\mathscr{G}_\kappa. \tag{5.5.16}$$

式(5.5.16) 说明各向同性物质的对称群在参考构形发生正交变换时保持不变，只是由一种非扭曲状态变为另一种非扭曲状态.

5.5.3 各向同性的本构关系

由式(5.3.11) 得到

$$\boldsymbol{\sigma}=\boldsymbol{R}(t)\cdot\mathscr{R}(\boldsymbol{R}^{\mathrm{T}}(t)\cdot\boldsymbol{C}^t(s)\cdot\boldsymbol{R}(t);\ \boldsymbol{C}(t))\cdot\boldsymbol{R}^{\mathrm{T}}(t). \tag{5.5.17}$$

对于各向同性物质，正交张量 $\boldsymbol{R}^{\mathrm{T}}(t)$ 也属于 $\mathscr{G}_\kappa$. 因此，$\boldsymbol{F}^t(s)$ 用 $\boldsymbol{F}^t(s)\cdot\boldsymbol{R}^{\mathrm{T}}(t)$ 替代将不影响应力. 此时有关的量将作如下置换：

$$\boldsymbol{F}(t)\rightarrow\boldsymbol{F}(t)\cdot\boldsymbol{R}^{\mathrm{T}}(t)=\boldsymbol{V}(t)$$

$$\boldsymbol{C}(t)\rightarrow\boldsymbol{F}^{\mathrm{T}}(t)\cdot\boldsymbol{F}(t)=\boldsymbol{V}^2(t)=c(t)$$

$$\begin{aligned}\boldsymbol{F}_t^t(s)&=\boldsymbol{F}^t(s)\cdot\boldsymbol{F}^{-1}(t)\rightarrow\boldsymbol{F}^t(s)\cdot\boldsymbol{R}^{\mathrm{T}}(t)\cdot({}^{\boldsymbol{F}}(t)\cdot\boldsymbol{R}^{\mathrm{T}}(t))-1\\&=\boldsymbol{F}^t(s)\cdot\boldsymbol{F}^{-1}(t)=\boldsymbol{F}_t^t(s)\end{aligned}$$

$$\boldsymbol{C}_t^t(s)=\boldsymbol{F}_t^{t\,\mathrm{T}}(s)\cdot\boldsymbol{F}_t^t(s)\rightarrow\boldsymbol{C}_t^t(s)$$

$$\boldsymbol{V}(t)=({}^{\boldsymbol{F}}(t)\cdot\boldsymbol{R}^{\mathrm{T}}(t))\ 1/2\rightarrow\boldsymbol{V}(t)$$

$$\boldsymbol{R}(t)=\boldsymbol{V}^{-1}(t)\cdot\boldsymbol{F}(t)\rightarrow I$$

将上式代入式(5.5.17)，就得到各向同性物质的本构方程

$$\overset{\rangle\rangle}{\boldsymbol{\sigma}}=\mathscr{R}(\boldsymbol{C}_t^t(s);\ \boldsymbol{c}(t)), \tag{5.5.18}$$

式中 $\boldsymbol{c}(t)$ 是时刻 t 的左 Cauchy-Green 张量，而 $\boldsymbol{C}_t^t(s)$ 则是以现时构形为基准状态的右 Cauchy-Green 张量历史.

对于各向同性物质，正交张量必然属于对称群，因此对任意的正交张量 $\boldsymbol{Q}$，式(5.5.1) 必须成立. 对于泛函 $\mathscr{R}$，将有关系

$$\mathscr{R}(\boldsymbol{Q}\cdot\boldsymbol{C}_t^t(s)\cdot\boldsymbol{Q}^{\mathrm{T}};\boldsymbol{Q}\cdot\boldsymbol{c}(t)\cdot\boldsymbol{Q}^{\mathrm{T}})=\boldsymbol{Q}\cdot\mathscr{R}(\boldsymbol{C}_t^t(s);\boldsymbol{c}(t))\cdot\boldsymbol{Q}^{\mathrm{T}}. \tag{5.5.19}$$

这个关系式表述了泛函 $\mathscr{R}$ 必须受到的限制.

从式(5.5.18) 看出，各向同性的简单物质本构方程消除了一切旋转的影响，而只与伸长张量有关. 这个结果充分反映了各向同性物质的本质之所以能得出这样简单明确的结果，是因为选择了非扭曲状态作为参考构形，如果采用其他构形那么旋转的影响就难以消除.

因此，选择合适的参考构形，各向同性的特性才能明显地表现出来，本构方程才会有很简单的形式.

由式(5.5.14) 及式(5.5.15)，各向同性物质的对称群及必然位于正交群 $\mathscr{O}$ 与材料对称群 $\mathscr{U}$ 之间

$$\mathscr{O}\subset\mathscr{G}_\kappa\subset\mathscr{U}. \tag{5.5.20}$$

另外，根据群论的定理，可以证明 $\mathscr{G}_\kappa$ 只能是正交群或材料对称群的任何一种，否则式(5.5.20) 不可能成立.

5.6　简单固体

固体(solid) 具有一定的形状和体积，它能够抵抗形状变化. 所谓形状变化就是非正交的变形. 当变形梯度张量 $\boldsymbol{F}$ 是正交张量时，物体只经受刚体运动，不产生任何变形，物体性质不发生变化. 由于不改变物质性质的变形的集合就是对称群，所以固体的对称群不含有非正交变形. 亦即，固体的对称群只含有正交变形.

一简单材料，如果对某参考构形 $\boldsymbol{\kappa}$，材料对称群 $\mathscr{G}_\kappa$ 为正交变换群 $\mathscr{O}$ 之子群，即

$$\mathscr{G}_\kappa\subseteq\mathscr{O}, \tag{5.6.1}$$

则称此简单材料为简单固体(simple solid)，并称此参考构形 $\boldsymbol{\kappa}$ 为此简单固体的非扭曲状态.

可以区分两种情况：

(1) $\mathscr{G}_\kappa=\mathscr{O}$，符合于式(5.5.12)，简单固体是各向同性的，称为各向同性简单固体，简称各向同性固体；

(2) $\mathscr{G}_\kappa\subset\mathscr{O}$，简单固体非各向同性，称为各向异性(anisotropic) 简单固体.

以下讨论关于固体的非扭曲状态间的变换. 设从非扭曲状态 $\boldsymbol{\kappa}_1$ 到另一非扭曲状态

$\boldsymbol{\kappa}_2$ 的变形梯度为 $\boldsymbol{P}$. 设 $\mathscr{G}_{\kappa 1}$ 的任意元为 $\boldsymbol{Q}_1$，与其对应的 $\mathscr{G}_{\kappa 2}$ 的元为 $\boldsymbol{Q}_2$. $\boldsymbol{Q}_1$，$\boldsymbol{Q}_2$ 都是正交张量，按照对称群的变换律(5.5.9)，关系

$$\boldsymbol{Q}_2=\boldsymbol{P}\cdot\boldsymbol{Q}_1\cdot\boldsymbol{P}^{-1},\quad \boldsymbol{Q}_2\cdot\boldsymbol{P}=\boldsymbol{P}\cdot\boldsymbol{Q}_1 \tag{5.6.2}$$

成立. 根据极分解定理，设 $\boldsymbol{P}=\boldsymbol{R}\cdot\boldsymbol{U}$，于是得到

$$\boldsymbol{Q}_2\cdot\boldsymbol{R}\cdot\boldsymbol{U}=\boldsymbol{R}\cdot\boldsymbol{U}\cdot\boldsymbol{Q}_1=(\boldsymbol{R}\cdot\boldsymbol{Q}_1)\cdot(\boldsymbol{Q}_1^{\mathrm{T}}\cdot\boldsymbol{U}\cdot\boldsymbol{Q}_1).$$

从极分解的唯一性，上式两边的旋转部分、对称部分分别等于

$$\boldsymbol{Q}_2\cdot\boldsymbol{R}=\boldsymbol{R}\cdot\boldsymbol{Q}_1,\quad \boldsymbol{U}=\boldsymbol{Q}_1^{\mathrm{T}}\cdot\boldsymbol{U}\cdot\boldsymbol{Q}_1.$$

由此得到

$$\boldsymbol{Q}_2=\boldsymbol{R}\cdot\boldsymbol{Q}_1\cdot\boldsymbol{R}^{\mathrm{T}}, \tag{5.6.3}$$

$$\boldsymbol{Q}_1\cdot\boldsymbol{U}=\boldsymbol{U}\cdot\boldsymbol{Q}_1. \tag{5.6.4}$$

又可导出

$$\boldsymbol{Q}_2\cdot\boldsymbol{Q}_2^{\mathrm{T}}=(\boldsymbol{R}\cdot\boldsymbol{Q}_1\cdot\boldsymbol{R}^{\mathrm{T}})\cdot(\boldsymbol{R}\cdot\boldsymbol{Q}_1\cdot\boldsymbol{R}^{\mathrm{T}})=\boldsymbol{R}\cdot\boldsymbol{Q}_1\cdot\boldsymbol{R}^{\mathrm{T}}\cdot\boldsymbol{R}\cdot\boldsymbol{Q}_1^{\mathrm{T}}\boldsymbol{R}^{\mathrm{T}}=\boldsymbol{I},$$

证明了 $\boldsymbol{Q}_2$ 确是正交张量. 又式(5.6.3) 可以写成

$$\mathscr{G}_{\kappa 2}=\boldsymbol{R}\cdot\mathscr{G}_{\kappa 1}\cdot\boldsymbol{R}^{\mathrm{T}}. \tag{5.6.5}$$

由于 $\boldsymbol{P}$ 表示将固体非扭曲状态移至另一非扭曲状态的变形梯度，我们就可知道对称群的变换是由 $\boldsymbol{P}$ 中旋转部分 $\boldsymbol{R}$ 来实现的. 而 $\boldsymbol{P}$ 的对称部分 $\boldsymbol{U}$ 则不能是任意的，根据式(5.6.3)，它必须能与对称群的所有元进行交换. 在三斜群的情况下，$\boldsymbol{Q}_1=\boldsymbol{I}$ 或 $-\boldsymbol{I}$，任意的 $\boldsymbol{U}$ 都满足. 由此可知，任意的变换都可将非扭曲状态移至另一非扭曲状态.

以下讨论在各向同性固体中对 $\boldsymbol{U}$ 的限制. 在这种情况，$\boldsymbol{Q}_1$ 能够取任意正交张量. 现在，我们取某一坐标系，设以矩阵表示

$$[\boldsymbol{Q}_1]=\begin{bmatrix}-1 & 0 & 0\\ 0 & 1 & 0\\ 0 & 0 & 1\end{bmatrix},$$

于是式(5.6.4) 就化为

$$\begin{bmatrix}-U_{11} & -U_{12} & -U_{13}\\ U_{21} & U_{22} & U_{23}\\ U_{31} & U_{32} & U_{33}\end{bmatrix}=\begin{bmatrix}-U_{11} & U_{12} & U_{13}\\ -U_{21} & U_{22} & U_{23}\\ -U_{31} & U_{32} & U_{33}\end{bmatrix},$$

从而得出：$U_{12}=U_{21}=U_{13}=U_{31}=0$. 同样，也得到 $U_{23}=U_{32}=0$，因此，$[\boldsymbol{U}]$ 成为主对角矩阵. 再设

$$[\boldsymbol{Q}_1]=\begin{bmatrix}0 & 1 & 0\\ 1 & 0 & 0\\ 0 & 0 & 1\end{bmatrix},$$

于是式(5.6.4) 就化为

$$\begin{bmatrix} 0 & U_{12} & 0 \\ U_{21} & 0 & 0 \\ 0 & 0 & U_{33} \end{bmatrix} = \begin{bmatrix} 0 & U_{11} & 0 \\ U_{22} & 0 & 0 \\ 0 & 0 & U_{33} \end{bmatrix}.$$

由此，必然 $U_{11}=U_{22}$. 同样也可证明 $U_{11}=U_{33}$. 设 $U_{11}=U_{22}=U_{33}=K$，就得到下面结论

$$\boldsymbol{U}=K\boldsymbol{I}. \tag{5.6.6}$$

反之，对于 $\boldsymbol{U}$ 假定有关系(5.6.6)，则关系(5.6.4) 对任意正交张量 $\boldsymbol{Q}_1$ 都成立. 因为 $\boldsymbol{R}$ 是完全任意的，所以各向同性固体的非扭曲状态之间的变换以相似变形

$$\boldsymbol{P}=K\boldsymbol{R} \tag{5.6.7}$$

来实现. 式中 K 为任意的标量，$\boldsymbol{R}$ 是任意的矢量.

5.7　均匀性与同样性

以前我们所考虑的是一个物质点在其任意小邻域内的变形、应力、本构方程式和对称群. 若考虑到物体 $\mathscr{B}$ 的整体时，就有构成该物体的物质点是否是相同的物质这样的问题了.

取物体中的两个点 X_1，X_2. 设它们的参考构形分别是 $\boldsymbol{\kappa}_1$，$\boldsymbol{\kappa}_2$，

$$\boldsymbol{X}_1=\boldsymbol{\kappa}_1(X_1),\quad \boldsymbol{X}_2=\boldsymbol{\kappa}_2(X_2), \tag{5.7.1}$$

这里，假设选取的参考构形能使两个物质点的密度相同. 亦即

$$\rho_{\kappa 1}(\boldsymbol{X}_1)=\rho_{\kappa 2}(\boldsymbol{X}_1), \tag{5.7.2}$$

又设两个物质点的本构泛函分别是 $\mathscr{F}_{\kappa 1}(\boldsymbol{F}^t, \boldsymbol{X}_1)$，$\mathscr{F}_{\kappa 2}(\boldsymbol{F}^t, \boldsymbol{X}_2)$. 我们考虑一个能适当选取 $\boldsymbol{\kappa}_1$ 和 $\boldsymbol{\kappa}_2$ 可使一切变形历史都得到同一响应的情况. 即

$$\mathscr{F}_{\kappa 1}(\boldsymbol{F}^t, \boldsymbol{X}_1)=\mathscr{F}_{\kappa 2}(\boldsymbol{F}^t, \boldsymbol{X}_2). \tag{5.7.3}$$

在这种情况下，不能通过应力的观测来区分这两个物质点. 因此，我们可以断定这两个物质点是同样的物质. 这种场合，我们称这两个物质点为物质同构 (material isomorphic).

若构成物体 $\mathscr{B}$ 全部点的每两个一组都互为物质同构，就称 $\mathscr{B}$ 为同样的物质. 若要使物体是同样的，不需要存在覆盖 $\mathscr{B}$ 的单一的参考构形. 作为一个特例，具有同样性的物质的全部物质点，只通过一个参考构形 $\boldsymbol{\kappa}$ 就互为物质同构. 这时，本构泛函 F 就与物质点无关. 这时物体被称为是均匀的. 若物质是均匀的，必定是同样的，可是，同样的未必是均匀的.

让我们再一次讨论关系. 为使在 $\boldsymbol{\kappa}_1$ 与 $\boldsymbol{\kappa}_2$ 不相同时，物质点 $\boldsymbol{X}_1$ 与 $\boldsymbol{X}_2$ 有同样响应，首先，必须给 $\boldsymbol{X}_2$ 进行不同于 $\boldsymbol{X}_1$ 的变形. 一般说来，要使虽然同样、但不均匀的物体的各个物质点有相同的响应，必须分别给各个物质点以不同的变形. 为此，连续连接的物体被分割成许多碎块，必须给各个碎块以适当的变形. 这样做的结果，使物体再不可能连接成连续介质了. 可是在均匀物体中这样的分割是不必要的. 同样的但不均匀的物体，可以看成对应于物理上具有位错或缺陷的物质. 这种同样而不均匀的连续介质的理论在此处就不进一步详细讨论了. 今后，在讨论物体整体的时候，我们都假定物体是均匀的.

第 6 章　弹性物质

6.1　静止历史与弹性物质

简单物质的应力可以由式(5.1.2)表示为变形梯度历史的泛函

$$\overset{\rangle\rangle}{\boldsymbol{\sigma}}(\boldsymbol{X},\ t)=\mathscr{F}_{\kappa}(\overset{\rangle\langle}{\boldsymbol{F}}{}^{t}(\boldsymbol{X},\ s);\ X),$$

式中 $\mathscr{F}_{\kappa}$ 是响应泛函. 若是从无限远的过去到现在处于静止状态的场合，称这种变形为静止历史，这时 $\boldsymbol{F}^{t}(\boldsymbol{X},\ s)=\boldsymbol{F}(\boldsymbol{X})$，本构方程(5.1.2) 化为

$$\overset{\rangle\rangle}{\boldsymbol{\sigma}}(\boldsymbol{X},\ t)=\boldsymbol{G}_{\kappa}(\boldsymbol{F},\ \boldsymbol{X}). \tag{6.1.1}$$

式中 $\boldsymbol{G}_{\kappa}$ 是响应函数，也称为本构函数.

若变形不是静止历史，而是取任意历史的场合，能以式(6.1.1) 作为本构方程的物质，我们称作弹性物质(elastic materials). 在弹性物质中应力与过去变形历史无关，而只由现在变形梯度唯一确定. 在静止历史中简单物质的本构方程为(6.1.1)，而弹性物质的本构方程也为同一形式. 因此，仅通过静止试验是不能区分简单物质与弹性物质的. 所有的物质点都是弹性物质的物体称作弹性体(elastic body).

使用简单物质的本构方程简化式

$$\overset{\rangle\rangle}{\bar{\boldsymbol{\sigma}}}=\mathscr{R}(\bar{\boldsymbol{C}}{}_{t}^{t};\ \boldsymbol{C})$$

时，因为在静止历史中 $\boldsymbol{C}_{t}^{t}(s)\equiv\boldsymbol{I}$，所以弹性物质的本构方程为

$$\overset{\rangle\rangle}{\bar{\boldsymbol{\sigma}}}=\boldsymbol{K}(\boldsymbol{C}), \tag{6.1.2}$$

式中

$$\boldsymbol{K}=\mathscr{R}(\boldsymbol{I};\ \boldsymbol{C}). \tag{6.1.3}$$

各向同性弹性物质的本构方程，根据(5.4.18) 化为

$$\overset{\gg}{\boldsymbol{\sigma}}=\boldsymbol{K}(\boldsymbol{c}). \tag{6.1.4}$$

按照各向同性条件(5.4.12)，对于任意正交张量 $\boldsymbol{Q}$，本构函数 $\boldsymbol{K}$ 必须满足关系

$$\boldsymbol{K}(\boldsymbol{Q}\cdot\boldsymbol{c}\cdot\boldsymbol{Q}^{\mathrm{T}})=\boldsymbol{Q}\cdot\boldsymbol{K}(\boldsymbol{c})\cdot\boldsymbol{Q}^{\mathrm{T}}. \tag{6.1.5}$$

现在来证明满足恒等关系(6.1.5)的张量函数 $\boldsymbol{K}(\boldsymbol{c})$ 可以取表示式

$$\boldsymbol{K}(\boldsymbol{c})=\varphi_0\boldsymbol{I}+\varphi_1\boldsymbol{c}+\varphi_2\boldsymbol{c}^2. \tag{6.1.6}$$

这里，标量 φ_α 是张量 $\boldsymbol{c}$ 的不变量函数

$$\varphi_\alpha(\boldsymbol{Q}\cdot\boldsymbol{c}\cdot\boldsymbol{Q}^{\mathrm{T}})=\varphi_\alpha(\boldsymbol{c}).\quad(\alpha=0,1,2) \tag{6.1.7}$$

以 $\boldsymbol{c}_\Gamma(\Gamma=1,2,3)$ 作 $\boldsymbol{c}$ 的主轴，设 $\boldsymbol{Q}$ 为对垂直于 $\boldsymbol{c}_1$ 的平面取映像的正交变换，即

$$\boldsymbol{Q}\cdot\boldsymbol{c}_1=-\boldsymbol{c}_1,\ \boldsymbol{Q}\cdot\boldsymbol{c}_2=\boldsymbol{c}_2,\ \boldsymbol{Q}\cdot\boldsymbol{c}_3=\boldsymbol{c}_3. \tag{6.1.8}$$

为此，主轴的矩阵表示可以取

$$[\boldsymbol{Q}]=\begin{bmatrix}-1&0&0\\0&1&0\\0&0&1\end{bmatrix}, \tag{6.1.9}$$

这时 $\boldsymbol{c}$ 的矩阵表示式化为

$$[\boldsymbol{c}]=\begin{bmatrix}v_1^2&0&0\\0&v_2^2&0\\0&0&v_3^2\end{bmatrix}, \tag{6.1.10}$$

式中，v_Γ 是主伸长，v_Γ^2 是$\boldsymbol{c}$ 的主值. 根据关系(6.1.8)，因为$\boldsymbol{Q}\cdot\boldsymbol{c}\cdot\boldsymbol{Q}^{\mathrm{T}}=\boldsymbol{c}$，化式(6.1.5)为 $\boldsymbol{Q}\cdot\boldsymbol{\sigma}=\boldsymbol{\sigma}\cdot\boldsymbol{Q}$，所以有

$$\boldsymbol{Q}\cdot(\boldsymbol{\sigma}\cdot\boldsymbol{c}_1)=(\boldsymbol{Q}\cdot\boldsymbol{\sigma})\cdot\boldsymbol{c}_1=(\boldsymbol{\sigma}\cdot\boldsymbol{Q})\cdot\boldsymbol{c}_1=\boldsymbol{\sigma}\cdot(\boldsymbol{Q}\cdot\boldsymbol{c}_1)=-\boldsymbol{\sigma}\cdot\boldsymbol{c}_1. \tag{6.1.11}$$

将此式与式(6.1.8)比较，可知矢量 $\boldsymbol{\sigma}\cdot\boldsymbol{c}_1$ 必定与矢量 $\boldsymbol{c}_1$ 平行. 同理，$\boldsymbol{\sigma}\cdot\boldsymbol{c}_2$ 平行于 $\boldsymbol{c}_2$，$\boldsymbol{\sigma}\cdot\boldsymbol{c}_3$ 平行于 $\boldsymbol{c}_3$，记为

$$\boldsymbol{\sigma}\cdot\boldsymbol{c}_\Gamma=\boldsymbol{\sigma}_\Gamma\boldsymbol{c}_\Gamma\quad(\Gamma=1,2,3) \tag{6.1.12}$$

这里，对于Γ，求和的规定不适用. 关系(6.1.12)指明了 $\boldsymbol{c}$ 的主轴$\boldsymbol{c}_\Gamma$ 就是$\boldsymbol{\sigma}$ 的主轴，而$\boldsymbol{\sigma}_\Gamma$ 就是 $\boldsymbol{\sigma}$ 的主值.

首先，我们来考虑 v_Γ 完全不同的情况，但 σ_Γ 未必是不同的. 把关于 φ_α 未知数的三个线性关系列成一个三元一次方程组

$$\sigma_\Gamma=\varphi_0+\varphi_1v_\Gamma^2+\varphi_2v_\Gamma^4,\quad(\Gamma=1,2,3) \tag{6.1.13}$$

其系数行列式为

$$\begin{vmatrix}1&v_1^2&v_1^4\\1&v_2^2&v_2^4\\1&v_3^2&v_3^4\end{vmatrix}=(v_1^2-v_2^2)(v_2^2-v_3^2)(v_3^2-v_1^2)\neq0.$$

所以，φ_α 由 v_Γ 与 σ_Γ 唯一确定了. 式(6.1.13) 给出了有意义的关系，因为这个关系式具有相同主轴的二个对称张量 $\boldsymbol{\sigma}$ 与 $\boldsymbol{c}$ 的主值之间的关系，所以张量之间有如下关系

$$\boldsymbol{\sigma}=\varphi_0\boldsymbol{I}+\varphi_1\boldsymbol{c}+\varphi_2\boldsymbol{c}^2, \tag{6.1.14}$$

即表达式(6.1.6) 得到了证明.

若考虑 v_Γ 中有两个量相同，设 $v_2=v_1$. 于是

$$\sigma_\Gamma=\varphi_0+\varphi_1 v_\Gamma^2, \quad (\Gamma=1, 2) \tag{6.1.15}$$

φ_0，φ_1 唯一地确定了. 得出

$$\boldsymbol{\sigma}=\varphi_0\boldsymbol{I}+\varphi_1\boldsymbol{c}. \tag{6.1.16}$$

若在 $v_1=v_2=v_3$ 情况下，就可得到

$$\boldsymbol{\sigma}=\varphi_0\boldsymbol{I}. \tag{6.1.17}$$

因为关系(6.1.16)，(6.1.17) 是式(6.1.14) 的特例，结果不论其主值如何，式(6.1.6) 都得到了证明.

这样，按照正交变换，$\boldsymbol{c}$，$\boldsymbol{\sigma}$ 可分别变换为 $\boldsymbol{Q}\cdot\boldsymbol{c}\cdot\boldsymbol{Q}^{\mathrm{T}}$，$\boldsymbol{Q}\cdot\boldsymbol{\sigma}\cdot\boldsymbol{Q}^{\mathrm{T}}$，主值 v_Γ^2，σ_Γ 是不变的. 因而，作为式(6.1.13) 的解所确定的 φ_α，通过任意正交变换是不变的. 亦即关系式(6.1.7) 成立. 且 $\boldsymbol{c}$ 的不变量函数可以由所有 $\boldsymbol{c}$ 的主值表示，所以 φ_α 是 v_Γ^2 的标量函数. 另外，方程

$$\det(\boldsymbol{c}-\lambda\boldsymbol{I})=-\lambda^3+\mathrm{I}_c\lambda^2+\mathrm{II}_c\lambda+\mathrm{III}_c=0$$

的根 λ 是 $\boldsymbol{c}$ 的主值，因而主值由下面三个不变量决定

$$\begin{cases}\mathrm{I}_c\equiv v_1^2+v_2^2+v_3^2=\mathrm{tr}\boldsymbol{c}, \\ \mathrm{II}_c\equiv(v_1v_2)^2+(v_2v_3)^2+(v_3v_1)^2=\dfrac{1}{2}[(\mathrm{tr}\boldsymbol{c})^2-\mathrm{tr}(\boldsymbol{c})^2], \\ \mathrm{III}_c\equiv(v_1v_2v_3)^2=\det\boldsymbol{c}.\end{cases} \tag{6.1.18}$$

于是得到

$$\varphi_\alpha=\varphi_\alpha(\mathrm{I}_c, \mathrm{II}_c, \mathrm{III}_c). \quad (\alpha=1, 2, 3) \tag{6.1.19}$$

关系(6.1.14) 就是各向同性弹性物质的本构方程.

6.2　本构方程的特殊化

在自然界中存在着各种不同种类的物质，它们根据到现在为止的所有历史而显现出各种各样的行为. 即使把物质限定为连续介质，把行为只限于力学上的表现，由于物质种类以及运动历史的多样性，物质行为仍有无数的变化存在.

第 5 章中定义的简单物质，是运动历史通过变形梯度起作用的物质，物质的特性由

响应泛函来决定. 虽然是这样简化了的物质，一般来说，对它们的行为进行分析还是困难的. 为减少这种困难，便于进行分析，必须给以某种限制，使其本构关系特殊化.

使本构关系特殊化的方法有两种：

(a) 物质的特殊化.

(b) 变形历史特殊化.

(a) 是以特别简单的物质为对象的方法，(b) 是研究在特别简单变形历史下的行为的方法. 此外还有(a) 与(b) 两种方法同时采用的情况.

6.3 弹性物质的基本方程

在静止历史中，变形梯度历史为恒定张量，简单物质的本构方程就还原为本构函数. 由于弹性物质中的应力不只限于静止历史，对于一切变形历史，它都与过去历史无关，而完全由现在的变形梯度唯一确定. 我们这里提出的弹性物质问题，是物质的特殊化本构关系特殊化的一例，而且是最极端的情况.

弹性物质的本构方程为

$$\boldsymbol{\sigma}(\boldsymbol{X},\ t)=\boldsymbol{G}_{\kappa}(\boldsymbol{F},\ \boldsymbol{X})=\boldsymbol{G}(\boldsymbol{F}). \tag{6.3.1}$$

在式(6.3.1) 的第二个等号中，为了简化而省略了 $\boldsymbol{\kappa}$ 与 $\boldsymbol{X}$. 由于给定坐标轴以后，变形梯度张量 $\boldsymbol{F}$ 就具有 9 个分量 $F_{kK}(k,\ K=1,\ 2,\ 3)$. 我们考虑一个把这些分量作为坐标点的集合所构想成的 9 维空间 ε_F，这就是变形梯度空间. ε_F 的各点对应于相应的变形梯度. 若给定变形历史 $\boldsymbol{F}(\tau)$，随着 τ 的增加，空间的对应点就相应地移动，当 $\tau=t$ 时，移至点 $\boldsymbol{F}(t)$. 在一般简单物质中，应力依赖于到达 $\boldsymbol{F}(t)$ 点的路径，不同的路径给出了不同的应力. 但是，在弹性物质中应力与路径无关，一旦确定了物质，ε_F 内的各点就分别对应着确定的应力. 即在空间 ε_F 上分布着应力张量场. 如果物质不同，这种张量场也就不同. 可以把响应函数 $\boldsymbol{G}$ 看成一种系统，只要给它输入 $\boldsymbol{F}$，它就会给出一个输出 $\boldsymbol{\sigma}$. 弹性物质就是具有这种作用的系统.

对变形梯度 $\boldsymbol{F}=\dfrac{\partial \boldsymbol{x}}{\partial \boldsymbol{X}}$ 为物体点 X 在现时构形上的位置矢量 $\boldsymbol{x}$ 对参考构形上的位置矢量 $\boldsymbol{X}$ 的导数. 因此，响应函数 $\boldsymbol{G}_{\kappa}$ 依赖于参考构形. 若将参考构形由 $\boldsymbol{\kappa}_1$ 变换至 $\boldsymbol{\kappa}_2$，根据式(2.8.6)，变形梯度的变换为 $\boldsymbol{F}_2=\boldsymbol{F}_1\cdot\boldsymbol{P}^{-1}$，由此得到响应函数

$$\boldsymbol{G}_{\kappa 1}(\boldsymbol{F}_1)=\boldsymbol{G}_{\kappa 1}(\boldsymbol{F}_2\cdot\boldsymbol{P})=\boldsymbol{G}_{\kappa 2}(\boldsymbol{F}_2). \tag{6.3.2}$$

这里 $\boldsymbol{P}$ 为由 $\boldsymbol{\kappa}_1$ 至 $\boldsymbol{\kappa}_2$ 的变形梯度. 这就是说，如果给出了在某一参考构形上的响应函数，就可确定它在任意其他构形上的响应函数. 弹性物质的定义与参考构形的选择是相互独

立的.

本构关系(6.3.1)，当然必须服从时空－系无差异原理. 通过式(4.1.1)(4.1.2) 变换，$\boldsymbol{F}$，$\boldsymbol{\sigma}$ 得到了变换(4.2.2) 和(4.2.15). 因此，$\boldsymbol{G}$ 对于任意正交张量 $\boldsymbol{Q}$，必须满足恒等关系

$$\boldsymbol{G}(\boldsymbol{Q}\cdot\boldsymbol{F})=\boldsymbol{Q}\cdot\boldsymbol{G}(\boldsymbol{F})\cdot\boldsymbol{Q}^{\mathrm{T}}. \tag{6.3.3}$$

若令 $\boldsymbol{Q}=\boldsymbol{R}^{\mathrm{T}}$，得到

$$\boldsymbol{\sigma}=\boldsymbol{R}\cdot\boldsymbol{G}(\boldsymbol{U})\cdot\boldsymbol{R}^{\mathrm{T}}. \tag{6.3.4}$$

式中 $\boldsymbol{R}$ 为极分解 $\boldsymbol{F}=\boldsymbol{R}\cdot\boldsymbol{U}=\boldsymbol{V}\cdot\boldsymbol{R}$ 的旋转部分. 这是弹性本构方程的简化式. 它是简单物质的简化式(5.2.5) 的特例. 设旋转后的应力为 $\bar{\boldsymbol{\sigma}}=\boldsymbol{R}^{\mathrm{T}}\cdot\boldsymbol{\sigma}\cdot\boldsymbol{R}$，使用右 Cauchy-Green 张量 $\boldsymbol{C}=\boldsymbol{U}^2$，得到式(6.1.2)

$$\bar{\boldsymbol{\sigma}}=\boldsymbol{G}(\boldsymbol{U})\equiv\boldsymbol{K}(\boldsymbol{C}).$$

设给出参考构形之间变换的变形梯度为 $\boldsymbol{H}$. 在参考构形之间没有体积变化，因而 $|\det\boldsymbol{H}|=1$. 对于一切变形梯度 $\boldsymbol{H}$，若满足

$$\boldsymbol{G}(\boldsymbol{F}\cdot\boldsymbol{H})=\boldsymbol{G}(\boldsymbol{F}). \tag{6.3.5}$$

则根据这样的 $\boldsymbol{H}$ 进行的参考构形变换，对应力不发生影响. 和 5.4 节一样，$\boldsymbol{H}$ 构成了群. 因此称作给定弹性物质的对称群 $\mathscr{G}$. 对称群表示物质的对称性.

按照 5.4 节所述，在各向同性物质中存在着对称群包含正交群的那种参考构形. 因此，若取 $\boldsymbol{H}=\boldsymbol{R}^{\mathrm{T}}$，由 $\boldsymbol{F}\cdot\boldsymbol{R}^{\mathrm{T}}=\boldsymbol{V}$，各向同性弹性物质的本构方程就化为式(6.1.4)

$$\boldsymbol{\sigma}=\boldsymbol{G}(\boldsymbol{V})\equiv\boldsymbol{K}(\boldsymbol{c}),$$

式中 $\boldsymbol{K}(\boldsymbol{c})$ 满足恒等关系(6.1.5)

$$\boldsymbol{K}(\boldsymbol{Q}\cdot\boldsymbol{c}\cdot\boldsymbol{Q}^{\mathrm{T}})=\boldsymbol{Q}\cdot\boldsymbol{G}(\boldsymbol{c})\cdot\boldsymbol{Q}^{\mathrm{T}}.$$

当对称群成为正交群的子群的参考构形存在时，根据 5.4 节所述，物质就是固体. 在现在的场合，就是弹性固体. 在这种情况下把式(6.3.5) 的 $\boldsymbol{F}$ 换为 $\boldsymbol{Q}\cdot\boldsymbol{F}$，代入后，可令 $\boldsymbol{H}=\boldsymbol{Q}^{\mathrm{T}}$. 使用恒等关系(6.3.3)，就有

$$\boldsymbol{G}(\boldsymbol{Q}\cdot\boldsymbol{F}\cdot\boldsymbol{Q}^{\mathrm{T}})=\boldsymbol{Q}\cdot\boldsymbol{G}(\boldsymbol{F})\cdot\boldsymbol{Q}^{\mathrm{T}} \tag{6.3.6}$$

成立.

按照 5.4 节所述，如果对称群与材料对称群一致，则参考构形的任意等容变形对应应力不发生影响，这样的物质是流体. 这种情况下，在本构方程(6.1.4) 中的 $\boldsymbol{c}$，通过 $\det\boldsymbol{c}$ 与应力发生关系. 按照

$$\det\boldsymbol{c}=\det(\boldsymbol{V}^2)=(\det\boldsymbol{V})^2=(\det\boldsymbol{F})^2=\mathscr{J}^2=\left(\frac{\rho_\kappa}{\rho}\right)^2 \tag{6.3.7}$$

应力为 ρ 的函数，得到

$$\boldsymbol{\sigma}=\boldsymbol{K}_0(\rho). \tag{6.3.8}$$

恒等关系式(6.1.5)化为$\boldsymbol{K}_0(\rho)=\boldsymbol{Q}\cdot\boldsymbol{K}_0(\rho)\cdot\boldsymbol{Q}^{\mathrm{T}}$，这表明应力张量与一切正交张量的相乘是可交换的．我们曾经在5.4节中证明了$\boldsymbol{K}_0(\rho)$为单位张量的标量倍数．因而得到

$$\boldsymbol{\sigma}=-p(\rho)\boldsymbol{I},\tag{6.3.9}$$

这就是弹性流体的本构方程．

在不可压缩弹性物质的场合，等体积变形值可能为$\det\boldsymbol{F}=1$．将响应函数进行分解，使成为

$$\boldsymbol{G}(\boldsymbol{F})=\boldsymbol{G}(\boldsymbol{I})+\boldsymbol{K}_1(\boldsymbol{F}),\tag{6.3.10}$$

$$\boldsymbol{K}_1(\boldsymbol{F})\equiv\boldsymbol{G}(\boldsymbol{F})-\boldsymbol{G}(\boldsymbol{I}).\tag{6.3.11}$$

根据恒等关系(6.3.3)，$\boldsymbol{G}(\boldsymbol{I})$为$-p\boldsymbol{I}$，$p$表示非确定压力．所以，本构方程为

$$\boldsymbol{\sigma}=-p\boldsymbol{I}+\boldsymbol{K}_1(\boldsymbol{F}),\quad \boldsymbol{K}_1(\boldsymbol{I})=\boldsymbol{0}.\tag{6.3.12}$$

若存在应力为零的构形，这种构形叫做自然状态．假如取这种构形为参考构形，就有

$$\boldsymbol{G}_\kappa(\boldsymbol{I})=\boldsymbol{0}.$$

要注意，存在着弹性物质不具有自然状态的情况．例如对于弹性流体，通常可以假定只要$\rho>0$就有$p(\rho)>0$．若$\rho_\kappa>0$而变形又是非奇异的，就有$0<\mathscr{J}<\infty$，于是根据质量守恒定律(3.1.4)，$\rho>0$就成立．因此弹性流体就成为不具有自然状态的了．

一切连续介质必须满足第三章所述的三个基本定律．其中质量守恒定律(3.1.4)(3.1.6)是与响应函数无关的．动量及角动量守恒定律化为Cauchy运动第一定律(3.3.1)及第二定律(3.3.2)．在弹性物质时它们则化为

$$\operatorname{div}\boldsymbol{G}(\boldsymbol{F})+\rho\boldsymbol{f}=\rho\ddot{\boldsymbol{x}},\tag{6.3.13}$$

$$\boldsymbol{G}(\boldsymbol{F})^{\mathrm{T}}=\boldsymbol{G}(\boldsymbol{F}).\tag{6.3.14}$$

响应函数如果是对称张量则式(6.3.14)就会自动得到满足．

6.4 各向同性弹性物质

各向同性弹性物质的本构方程已由式(6.1.4)给出．同时根据恒等关系$\boldsymbol{K}(\boldsymbol{c})$取表达式(6.1.7)，于是本构方程化为式(6.1.6)

$$\boldsymbol{\sigma}=\varphi_0\boldsymbol{I}+\varphi_1\boldsymbol{c}+\varphi_2\boldsymbol{c}^2,$$

式中，φ_α为不变量I_c，II_c，III_c的标量函数(6.1.19)．

任意二阶张量一般都满足Cayley-Hamilton定理．若以$\boldsymbol{c}$来表示任意二阶张量，则有

$$\boldsymbol{c}^3=\mathrm{I}_c\boldsymbol{c}^2-\mathrm{II}_c\boldsymbol{c}+\mathrm{III}_c\boldsymbol{I}.\tag{6.4.1}$$

因为变形梯度$\boldsymbol{F}$是非奇异的，所以$\boldsymbol{c}=\boldsymbol{F}\cdot\boldsymbol{F}^{\mathrm{T}}$也是非奇异的，故有逆张量$\boldsymbol{c}^{-1}$存在．以$\boldsymbol{c}^{-1}$作用于式(6.4.1)的两边，得到

$$\boldsymbol{c}^2 = \mathrm{I}_c\boldsymbol{c} - \mathrm{II}_c\boldsymbol{I} + \mathrm{III}_c\boldsymbol{c}^{-1}, \tag{6.4.2}$$

由此消去本构方程(6.1.6) 中的 $\boldsymbol{c}^2$，得到

$$\boldsymbol{\sigma} = \psi_0\boldsymbol{I} + \psi_1\boldsymbol{c} + \psi_{-1}\boldsymbol{c}^{-1} \tag{6.4.3}$$

式中

$$\begin{cases}\psi_0 \equiv \varphi_0 - \mathrm{II}_c\varphi_2, \\ \psi_1 \equiv \varphi_1 + \mathrm{I}_c\varphi_2, \\ \psi_{-1} \equiv \mathrm{III}_c\varphi_2.\end{cases} \tag{6.4.4}$$

从而得到

$$\psi_\alpha \equiv \psi_\alpha(\mathrm{I}_c, \mathrm{II}_c, \mathrm{III}_c). \quad (\alpha = 0, 1, -1) \tag{6.4.5}$$

张量 $\mathbf{V}$ 与 $\mathbf{V}^2 = \boldsymbol{c}$ 的主轴是一致的，主值分别为 v_Γ，$v_\Gamma^2(\Gamma = 1, 2, 3)$. 由本构方程(6.1.14) 可以直接看出，在各向同性弹性物质中 $\boldsymbol{\sigma}$ 与 $\boldsymbol{c}$ 的主轴是一致的，主应力 σ_Γ 为式(6.1.13)

$$\sigma_\Gamma = \varphi_0 + \varphi_1 v_\Gamma^2 + \varphi_2 v_\Gamma^4. \quad (\Gamma = 1, 2, 3)$$

且由(6.4.2) 得到

$$\sigma_\Gamma = \psi_0 + \psi_1 v_\Gamma^2 + \psi_2 v_\Gamma^{-2}. \quad (\Gamma = 1, 2, 3)$$

作为不可压缩弹性物质的特例

$$\boldsymbol{\sigma} = -p\boldsymbol{I} + \varphi_1\boldsymbol{c} + \varphi_2\boldsymbol{c}^2,$$

$$\boldsymbol{\sigma} = -p\boldsymbol{I} + \psi_1\boldsymbol{c} + \psi_{-1}\boldsymbol{c}^{-1}$$

因为体积是一定的，故由

$$\det\boldsymbol{c} = \det(\mathbf{V}^2) = (\det\mathbf{V})^2 = (\det\boldsymbol{F})^2 = \mathscr{J}^2 = \left(\frac{\rho_\kappa}{\rho}\right)^2$$

可得，$\mathrm{III}_c = \mathscr{J}^2 = 1$，$\varphi_1$，$\varphi_2$，$\varphi_3$，$\psi_1$，$\psi_{-1}$ 为不变量 I_c，II_c 的物质函数.

然而，把极分解代入式中，就得到

$$\boldsymbol{\sigma}_\kappa = \mathscr{J}\boldsymbol{\sigma} \cdot \mathbf{V}^{-1} \cdot \boldsymbol{R}.$$

$\mathbf{V}^{-1}$ 具有与 $\mathbf{V}$ 相同的主轴，因为 $\boldsymbol{\sigma}$ 和 $\mathbf{V}$ 也是这样，所以 $\boldsymbol{\sigma}$ 与式(6.3.14) 张量

$$\hat{\boldsymbol{\sigma}}_\kappa = \boldsymbol{\sigma}_\kappa \cdot \boldsymbol{R}^{\mathrm{T}} = \mathscr{J}\boldsymbol{\sigma} \cdot \mathbf{V}^{-1}$$

的主轴是一致的. 这个张量不同于 Piola-Kirchhoff 应力的是多了一个旋转 $\boldsymbol{R}$，称它为工程应力，工程应力的主值叫作主应力，以 $\hat{\sigma}_\Gamma(\Gamma = 1, 2, 3)$ 表示之.

于是，因为 $\mathscr{J} = v_1 v_2 v_3$ 得到

$$\hat{\sigma}_\Gamma = \frac{v_1 v_2 v_3}{v_\Gamma}\sigma_\Gamma. \quad (\Gamma = 1, 2, 3) \tag{6.4.6}$$

从图(2.6) 可知，伸长张量 $\mathbf{V}$ 的主轴不因变形而变化，在参考构形上沿 $\mathbf{V}$ 的主轴方向取一线素 $\mathrm{d}L_\Gamma$，设它在现时构形上成为 $\mathrm{d}l_\Gamma$，于是有

$$v_{\Gamma}=\frac{\mathrm{d}l_{\Gamma}}{\mathrm{d}L_{\Gamma}}.\quad (\Gamma=1,2,3)$$

因而得到

$$\overset{\circ}{\sigma}_1\mathrm{d}L_2\mathrm{d}L_3=\sigma_1\mathrm{d}l_2\mathrm{d}l_3. \tag{6.4.7}$$

因主轴相互正交，所以 $\mathrm{d}L_2\mathrm{d}L_3$ 给出垂直于第一轴的面素. 由此可知，作用于参考构形的面素上的工程应力之合力等于作用于现时构形上同一面素上的 Cauchy 应力的合力.

在各个工程学科领域中，变形后的面上单位面积的应力称作真应力，而变形前的面上的单位面积的应力称为公称应力，真应力相当于 Cauchy 应力，而公称应力相当于工程应力.

6.5 各向同性线弹性

设物质点在参考构形 $\boldsymbol{\kappa}$ 上的位置为 $\boldsymbol{X}$，在现时构形 $\boldsymbol{\chi}$ 上的位置为 $\boldsymbol{x}$，在 $\boldsymbol{\kappa}$ 与 $\boldsymbol{\chi}$ 上采用同一坐标系. 将位置矢量之差

$$\boldsymbol{u}=\boldsymbol{x}-\boldsymbol{X} \tag{6.5.1}$$

称作位移矢量，而这个矢量的导数

$$\boldsymbol{H}\equiv\frac{\partial\boldsymbol{u}}{\partial\boldsymbol{X}}=\frac{\partial\boldsymbol{x}}{\partial\boldsymbol{X}}-\boldsymbol{I}=\boldsymbol{F}-\boldsymbol{I} \tag{6.5.2}$$

称作位移梯度.

考虑从一个各向同性弹性物质的参考构形上所作的微小变形. 在这种情况下，位移梯度 $\boldsymbol{H}=\boldsymbol{F}-\boldsymbol{I}$ 不一定为无限小.

将 Green-St.Venant 应变张量定义为

$$\boldsymbol{E}\equiv\frac{1}{2}(\boldsymbol{F}-\boldsymbol{I}). \tag{6.5.3}$$

根据式(2.5.2)，因为右和左 Cauchy-Green 张量 $\boldsymbol{C}$ 和 $\boldsymbol{c}$ 的主值一致，所以不变量为

$$\mathrm{I}_C=\mathrm{I}_c,\ \mathrm{II}_C=\mathrm{II}_c,\ \mathrm{III}_C=\mathrm{III}_c, \tag{6.5.4}$$

由此，根据得到

$$\begin{cases}\mathrm{I}_E=\dfrac{1}{2}(v_1^2+v_2^2+v_3^2-3)=\dfrac{1}{2}(\mathrm{I}_c-3),\\[2ex] \mathrm{II}_E=\dfrac{1}{4}\{(v_1^2-1)(v_2^2-1)+(v_2^2-1)(v_3^2-1)+(v_3^2-1)(v_1^2-1)\}\\[2ex] \qquad=\dfrac{1}{4}(\mathrm{II}_c-2\,\mathrm{I}_c+3),\\[2ex] \mathrm{III}_E=\dfrac{1}{8}(v_1^2-1)(v_2^2-1)(v_3^2-1)=\dfrac{1}{8}(\mathrm{III}_c-\mathrm{II}_c+\mathrm{I}_c-1).\end{cases} \tag{6.5.5}$$

反过来求解，得到

$$\begin{cases} \mathrm{I}_c = 2\,\mathrm{I}_E + 3, \\ \mathrm{II}_c = 4\,\mathrm{II}_E + 4\,\mathrm{I}_E + 3, \\ \mathrm{III}_c = 8\,\mathrm{III}_E + 4\,\mathrm{II}_E + 2\,\mathrm{I}_E + 1. \end{cases} \tag{6.5.6}$$

现将各向同性物质的本构方程对 H 展开. 由关系式(2.5.1) 以及

$$\widetilde{\boldsymbol{E}} \equiv \frac{1}{2}(\boldsymbol{H} + \boldsymbol{H}^{\mathrm{T}}), \quad \boldsymbol{E} = \widetilde{\boldsymbol{E}} + \frac{1}{2}\boldsymbol{H}^{\mathrm{T}} \cdot \boldsymbol{H}$$

得到

$$\begin{cases} c = \boldsymbol{I} + 2\widetilde{\boldsymbol{E}} + \boldsymbol{H} \cdot \boldsymbol{H}, \\ c^{-1} = \boldsymbol{I} - \boldsymbol{H} \cdot \boldsymbol{H}^{\mathrm{T}} + 4\widetilde{\boldsymbol{E}}^2 + \cdots, \\ \mathrm{I}_E = \mathrm{I}_{\widetilde{E}} + \dfrac{1}{2}\mathrm{tr}(\boldsymbol{H} \cdot \boldsymbol{H}^{\mathrm{T}}), \\ \mathrm{II}_E = \mathrm{II}_{\widetilde{E}} + \cdots, \ \mathrm{III}_E = 0 + \cdots. \end{cases} \tag{6.5.7}$$

其中将 $|\boldsymbol{H}|$ 的三阶以上各项以“…”来表示. 因为物质函数 $\psi_\beta(\beta = 0, 1, -1)$ 为 $\boldsymbol{E}$ 的不变量的标量函数，所以若假定它们对于不变量是可展开的，则得到

$$\psi_\beta = \mu(\alpha_{\beta0} + \alpha_{\beta1}\,\mathrm{I}_E + \alpha_{\beta2}\,\mathrm{I}_{E^2} + \alpha_{\beta3}\,\mathrm{II}_E + \cdots, \quad (\beta = 0, 1, -1) \tag{6.5.8}$$

式中 μ 为具有应力量纲的物质常数，$\alpha_{\beta0}$，$\alpha_{\beta1}$，… 为无量纲的物质常数. 若将(6.5.7)，(6.5.8) 代入式(6.4.3)，就得到微小变形的近似本构关系.

若忽略位移梯度的二阶以上的项就得到各向同性线弹性物质的本构方程

$$\boldsymbol{\sigma} = \mu\alpha_0\boldsymbol{I} + \mu\alpha_1\,\mathrm{I}_{\widetilde{E}}\boldsymbol{I} + 2\mu\alpha_2\widetilde{\boldsymbol{E}}, \tag{6.5.9}$$

式中

$$\begin{cases} \alpha_0 \equiv \alpha_{00} + \alpha_{10} + \alpha_{-10}, \\ \alpha_1 \equiv \alpha_{01} + \alpha_{11} + \alpha_{-11}, \\ \alpha_2 \equiv \alpha_{02} + \alpha_{12} + \alpha_{-12}. \end{cases} \tag{6.5.10}$$

假定物质具有自然状态，并以此作为参考构形就有

$$\alpha_1 = 0. \tag{6.5.11}$$

α_1 与 α_2 称为一次弹性常数. 从物质常数的定义可以了解，这二者之中的一个可以随意选取. 设

$$\alpha_1 = 1, \tag{6.5.12}$$

及

$$\lambda = \mu\alpha_1, \tag{6.5.13}$$

于是得到了 Hooke 固体的本构方程

$$\boldsymbol{\sigma} = \lambda \, \mathrm{I}_{\widetilde{E}} \boldsymbol{I} + 2\mu \widetilde{\boldsymbol{E}}, \tag{6.5.14}$$

λ 和 μ 为 Lamé 弹性常数.

对于单轴拉伸. 设 $\sigma_2 = \sigma_3 = 0$, $\widetilde{E}_2 = \widetilde{E}_3$, 则

$$\sigma_1 = (\lambda + 2\mu)\widetilde{E}_1 + 2\lambda \widetilde{E}_2, \ 0 = \lambda \widetilde{E}_1 + 2(\lambda + \mu)\widetilde{E}_2, \tag{6.5.15}$$

由此得到

$$\sigma_1 = E\widetilde{E}_1, \ \widetilde{E}_2 = -\xi \widetilde{E}_1, \tag{6.5.16}$$

式中

$$E \equiv \frac{\mu(3\lambda + 2\mu)}{\lambda + \mu}, \ \xi \equiv \frac{\lambda}{2(\lambda + \mu)}. \tag{6.5.17}$$

E 为拉伸应力与相应方向上的应变之比，ξ 为垂直于拉伸方向的应变与拉伸方向的应变之比再加上负号.

附录　张量分析基础

1. 向量和张量

(1)符号与求和约定

在张量分析中广泛运用指标. 几个变量的集合 x_1，x_2，…，x_m 可表示为 x_i，$i=1$，2，…，m. 几个变量的集合 y^1，y^2，…，y^n 可表示为 y^j，$j=1$，2，…，n. 必须指出，y^1，y^2，…，y^n 是 n 个独立变量，而不是 y 的乘幂. 写在字符右下角的指标，例如 x_i 中的 i 称为下标;写在字符右上角的指标，例如 y^j 中的 j 称为上标.

为了区别上标和乘幂，通常用括号表示乘幂，如 $(x^j)^2$ 表示 x^j 的二次方.

若在一项中，同一个指标字母在上标和下标中重复出现，则表示要对这个指标遍历其范围 1，2，3，…，n 求和，这种约定称为 Einstein 求和约定. 例如，三维空间的平面方程为

$$a_1x^1+a_2x^2+a_3x^3=p, \tag{1}$$

式中 a_i，p 是常数. 这个方程可写成

$$\sum_{i=1}^{3}a_ix^i=p. \tag{2}$$

应用 Einstein 求和约定，则这个方程可写成如下形式

$$a_ix^i=p. \tag{3}$$

遍历指标范围求和的重复指标称为哑指标. 由于哑指标只是表示求和，因此无论用哪个字母作哑指标都是一样的. 例如 a_ix^i 与写成 a_jx^j 表达的是同一个表达式. 相对于哑指标(求和指标)而言，不求和的指标称为自由指标.

为了避免混淆，在一项中，同一个指标字母的使用不能超过两次. 例如不能把 $\left(\sum\limits_{i=1}^{n}a_ix^i\right)^2$ 写成 $a_ix^ia_ix^i$，而应该写成 $a_ia_jx^ix^j$.

Kronecker 符号的定义是

$$\delta_j^k = \begin{cases} 1, & j = k \\ 0, & j \neq k \end{cases}, \tag{4}$$

Kronecker 符号也可以写成 δ_{kj} 或 δ^{kj}.

在空间 Descartes 坐标系中，分量为 dx_1，dx_2，dx_3 的线元长度的平方为

$$ds^2 = (dx_1)^2 + (dx_2)^2 + (dx_3)^2. \tag{5}$$

应用 Kronecker 符号，上式可写成

$$ds^2 = \delta_{ij} dx^i dx^j. \tag{6}$$

应当注意，上式有二重求和，分别是遍历 i 和 j 的范围求和. 此外，Kronecker 符号还有如下性质

$$\delta_j^k A^j = A^k, \ \frac{\partial x^k}{\partial x^j} = \delta_j^k, \ \delta_j^i \delta_k^j = \delta_k^i. \tag{7}$$

(2) 曲线坐标系的基向量

设空间任意点由三个独立参量确定 $x^i (i = 1, 2, 3)$，这些参量 x^i 称为曲线坐标，当三个参量中两个保持不变，只有一个(例如 x^j) 变化时，点的轨迹曲线称为该坐标(x^j) 的坐标线. 通过空间任意点，必有三根坐标线. 当一个坐标为常数时(如 $x^j =$ const.)，空间各点的几何构成坐标面. 一般情况下，三个坐标面都是曲面.

在曲线坐标系中，空间一点 P 的位置向量 r 是曲线坐标 x^i 的函数. 若曲线坐标 x^i 有微小增量 dx^i，则位置向量有增量 $d\boldsymbol{r}$，则有

$$d\boldsymbol{r} = \frac{\partial \boldsymbol{r}}{\partial x^i} dx^i \equiv dx^i \boldsymbol{g}_i, \tag{8}$$

则称 $\boldsymbol{g}_i$ 在 P 点处沿三个坐标线方向的切向量，称为协变基向量，它们是一种自然基向量. 从而有

$$d\boldsymbol{r} = dx^i \boldsymbol{g}_i = dx_1 \boldsymbol{g}_1 + dx_2 \boldsymbol{g}_2 + dx_3 \boldsymbol{g}_3. \tag{9}$$

注意，在曲线坐标系中，空间中的任一点都有三个基向量 $\boldsymbol{g}_i$. 基向量 $\boldsymbol{g}_i$ 一般不是单位向量，彼此也不一定正交；基向量可以有量纲，但它们的量纲可以各个不同；基向量不一定是常向量，它们的大小和方向依赖于它们所在点的坐标. 基向量 $\boldsymbol{g}_i$ 线性无关，它们构成了空间点的一个局部参考标架(局部的仿射坐标系).

现在引进另外一组基 $\boldsymbol{g}^j$，它们与 $\boldsymbol{g}_i$ 之间满足

$$\boldsymbol{g}_i \cdot \boldsymbol{g}^j = \delta_i^j. \tag{10}$$

这样的三个向量 $\boldsymbol{g}^j$ 称为逆变基向量. 我们把满足方程(10) 的基向量 $\boldsymbol{g}^j$ 称为 $\boldsymbol{g}_i$ 的对偶基向量. 设方程(10) 有解，容易验证 $\boldsymbol{g}^j$ 可表示为

$$\boldsymbol{g}^i = \frac{\boldsymbol{g}_j \times \boldsymbol{g}_k}{[\boldsymbol{g}_1\boldsymbol{g}_2\boldsymbol{g}_3]} = \frac{\epsilon_{jkl}\boldsymbol{g}_l}{\sqrt{g}} \quad (i < j < k). \tag{11}$$

同时也有

$$\boldsymbol{g}_i = \frac{\boldsymbol{g}^j \times \boldsymbol{g}^k}{[\boldsymbol{g}_1\boldsymbol{g}_2\boldsymbol{g}_3]} = \frac{\epsilon^{ijk}\boldsymbol{g}^m}{\sqrt{g}} \quad (i < j < k). \tag{12}$$

其中 ϵ_{jkl}，ϵ^{jkm} 为置换张量，而

$$g \equiv [\boldsymbol{g}_1\boldsymbol{g}_2\boldsymbol{g}_3]^2 = (\boldsymbol{g}_1 \cdot \boldsymbol{g}_2 \times \boldsymbol{g}_3)^2. \tag{13}$$

(3) 度量张量(metric tensor)

考虑线元 d$\boldsymbol{r}$ 的长度平方

$$\mathrm{d}s^2 = \mathrm{d}\boldsymbol{x} \cdot \mathrm{d}\boldsymbol{x} = \mathrm{d}x^i\boldsymbol{g}_i \cdot \mathrm{d}x^j\boldsymbol{g}_j = \boldsymbol{g}_i \cdot \boldsymbol{g}_j \mathrm{d}x^i \mathrm{d}x^j, \tag{14}$$

今定义

$$g_{ij} = \boldsymbol{g}_i \cdot \boldsymbol{g}_j, \tag{15}$$

称 g_{ij} 为坐标系 x^i 的协变度量张量，它有 9 个分量，且 $g_{ij}=g_{ji}$. 显然，度量张量是坐标微分二次型的系数. 这样，式(15) 成为

$$\mathrm{d}s^2 = g_{ij}\mathrm{d}x^i \mathrm{d}x^j. \tag{16}$$

类似地，我们定义

$$g^{ij} = \boldsymbol{g}^i \cdot \boldsymbol{g}^j = \boldsymbol{g}^j \cdot \boldsymbol{g}^i = g^{ji} \tag{17}$$

为坐标系 x^i 的逆变度量张量. 一般地，我们有下列关系成立

$$\begin{cases} g \equiv |g_{ij}| = |\boldsymbol{g}_i \cdot \boldsymbol{g}_j| = [\boldsymbol{g}_1 \cdot \boldsymbol{g}_2 \times \boldsymbol{g}_3]^2 = [\boldsymbol{g}_1\boldsymbol{g}_2\boldsymbol{g}_3]^2 \\ \quad = \begin{vmatrix} \boldsymbol{g}_1 \cdot \boldsymbol{g}_1 & \boldsymbol{g}_1 \cdot \boldsymbol{g}_2 & \boldsymbol{g}_1 \cdot \boldsymbol{g}_3 \\ \boldsymbol{g}_2 \cdot \boldsymbol{g}_1 & \boldsymbol{g}_2 \cdot \boldsymbol{g}_2 & \boldsymbol{g}_2 \cdot \boldsymbol{g}_3 \\ \boldsymbol{g}_3 \cdot \boldsymbol{g}_1 & \boldsymbol{g}_3 \cdot \boldsymbol{g}_2 & \boldsymbol{g}_3 \cdot \boldsymbol{g}_3 \end{vmatrix} = \begin{vmatrix} g_{11} & g_{12} & g_{13} \\ g_{21} & g_{22} & g_{23} \\ g_{31} & g_{32} & g_{33} \end{vmatrix}, \\ \dfrac{1}{g} = |g^{ij}| = |\boldsymbol{g}^i \cdot \boldsymbol{g}^j| = [\boldsymbol{g}^1 \cdot \boldsymbol{g}^2 \times \boldsymbol{g}^3]^2 = [\boldsymbol{g}^1\boldsymbol{g}^2\boldsymbol{g}^3]^2 \\ \quad = \begin{vmatrix} \boldsymbol{g}^1 \cdot \boldsymbol{g}^1 & \boldsymbol{g}^1 \cdot \boldsymbol{g}^2 & \boldsymbol{g}^1 \cdot \boldsymbol{g}^3 \\ \boldsymbol{g}^2 \cdot \boldsymbol{g}^1 & \boldsymbol{g}^2 \cdot \boldsymbol{g}^2 & \boldsymbol{g}^2 \cdot \boldsymbol{g}^3 \\ \boldsymbol{g}^3 \cdot \boldsymbol{g}^1 & \boldsymbol{g}^3 \cdot \boldsymbol{g}^2 & \boldsymbol{g}^3 \cdot \boldsymbol{g}^3 \end{vmatrix} = \begin{vmatrix} g^{11} & g^{12} & g^{13} \\ g^{21} & g^{22} & g^{23} \\ g^{31} & g^{32} & g^{33} \end{vmatrix}, \\ 1 = |g^i_j| = |\delta^i_j| = \begin{vmatrix} \delta^1_1 & \delta^1_2 & \delta^1_3 \\ \delta^2_1 & \delta^2_2 & \delta^2_3 \\ \delta^3_1 & \delta^3_2 & \delta^3_3 \end{vmatrix}. \end{cases} \tag{18}$$

以及

$$g^{ij}=\frac{1}{g}\frac{\partial g}{\partial g_{ji}}, \ 1=| g_j^i |=| \delta_j^i |, \ 1=| g^{ir}g_{rj} |=| g^{ir} |\cdot| g_{rj} |. \tag{19}$$

对于正交曲线坐标系，则有

$$g_{ij}=\begin{cases}H_i^2, & i=j\\ 0. & i\neq j\end{cases} \tag{20}$$

其中 H_i 称为 Lamé 系数，或度量系数，或比例因子. 下式成立

$$g=g_{11}g_{22}g_{33}=(H_1H_2H_3)^2. \tag{21}$$

对于正交直角坐标系，则有

$$g_{ij}=g^{ij}=\begin{cases}1, & i=j\\ 0. & i\neq j\end{cases} \tag{22}$$

此时 $\boldsymbol{g}=\boldsymbol{I}$.

以下给出常见正交曲线坐标系的例子.

对圆柱坐标系，我们有

$$x=x_1\cos x_2, \ y=x_2\sin x_2, \ z=x_3.$$

$$x_1=\sqrt{x_2+y^2},$$

$$x_2=\arctan\frac{y}{x},$$

$$x_3=z.$$

协变基向量为

$$\boldsymbol{g}_1=\cos x_2\, i_1+\sin x_2\, i_2, \qquad |\boldsymbol{g}_1|=1,$$

$$\boldsymbol{g}_2=-x_1\sin x_2\, i_1+x_1\cos x_2\, i_2, \qquad |\boldsymbol{g}_2|=x_1,$$

$$\boldsymbol{g}_3=i_3. \qquad |\boldsymbol{g}_3|=1.$$

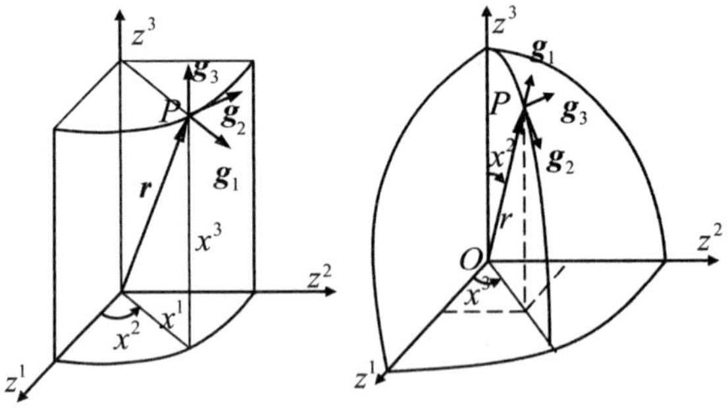

图 1　柱坐标系和球坐标系

协变度量张量的分量为

$$g_{11}=\boldsymbol{g}_1\cdot\boldsymbol{g}_1=1,\quad g_{22}=\boldsymbol{g}_2\cdot\boldsymbol{g}_2=(x^1)^2,$$

$$g_{33}=\boldsymbol{g}_3\cdot\boldsymbol{g}_3=1,\quad g_{12}=g_{23}=g_{13}=0.$$

$$g=\det\begin{bmatrix}1 & 0 & 0\\ 0 & (x^1)^2 & 0\\ 0 & 0 & 1\end{bmatrix}=(x^1)^2.$$

逆变度量张量为

$$g^{11}=1,\quad g^{22}=1/(x^1)^2,\quad g^{33}=1,\quad g^{12}=g^{23}=g^{31}=0.$$

逆变基向量为

$$\boldsymbol{g}^1=\boldsymbol{g}_1,\qquad |\boldsymbol{g}^1|=1,$$

$$\boldsymbol{g}^2=\boldsymbol{g}_2/(x^1)^2,\qquad |\boldsymbol{g}^1|=1/x^1,$$

$$\boldsymbol{g}^3=\boldsymbol{g}_3=\boldsymbol{i}_3,\qquad |\boldsymbol{g}^3|=1.$$

球坐标系

$$x=x^1\sin x^2\cos x^3,\ y=x^1\sin x^2\sin x^3,\ z=x^1\cos x^2.$$

$$x^1=\sqrt{x^2+y^2+z^2},\ x^2=\arccos\frac{z}{\sqrt{x^2+y^2+z^2}},\ x^3=\arctan\frac{y}{x}.$$

协变基向量为

$$\boldsymbol{g}_1=\cos x^2\cos x^3\,\boldsymbol{i}_1+\sin x^2\sin x^3\,\boldsymbol{i}_2+\cos x^2\,\boldsymbol{i}_3,\qquad |\boldsymbol{g}_1|=1,$$

$$\boldsymbol{g}_2=x^1\cos x^2\cos x^3\,\boldsymbol{i}_1+x^1\cos x^2\sin x^3\,\boldsymbol{i}^2-x^1\sin x^2\,\boldsymbol{i}_3,\qquad |\boldsymbol{g}_2|=x^1,$$

$$\boldsymbol{g}_3=-x^1\sin x^2\sin x^3\,\boldsymbol{i}_1+x^1\sin x^2\cos x^3\,\boldsymbol{i}_2,\qquad |\boldsymbol{g}_3|=x^1\sin x^2.$$

协变度量张量的分量为

$$g_{11}=\boldsymbol{g}_1\cdot\boldsymbol{g}_1=1,\quad g_{22}=\boldsymbol{g}_2\cdot\boldsymbol{g}_2=(x^1)^2,$$

$$g_{33}=\boldsymbol{g}_3\cdot\boldsymbol{g}_3=(x^1\sin x^2)^2,\quad g_{12}=g_{23}=g_{13}=0.$$

$$g=\det\begin{bmatrix}1 & 0 & 0\\ 0 & (x^1)^2 & 0\\ 0 & 0 & (x^1\sin x^2)^2\end{bmatrix}=(x^1)^4(\sin x^2)^2.$$

逆变度量张量为

$$g^{11}=1,\quad g^{22}=1/(x^1)^2,\quad g^{33}=\frac{1}{(x^1\sin x^2)^2},\quad g^{12}=g^{23}=g^{31}=0.$$

逆变基向量为

$$\boldsymbol{g}^1=\boldsymbol{g}_1,\qquad |\boldsymbol{g}^1|=1,$$

$$\boldsymbol{g}^2=\boldsymbol{g}_2/(x^1)^2,\qquad |\boldsymbol{g}^1|=1/x^1,$$

$$\boldsymbol{g}^3=\boldsymbol{g}_3/(x^1\sin x^2)^2,\qquad |\boldsymbol{g}^3|=1/(x^1\sin x^2).$$

(4) 置换张量(Eddington 张量)

引进置换张量

$$\boldsymbol{\epsilon}=\epsilon_{ijk}\boldsymbol{g}^i\boldsymbol{g}^j\boldsymbol{g}^k=\epsilon_{jk}^{i}\boldsymbol{g}_i\boldsymbol{g}^j\boldsymbol{g}^k=\cdots=\epsilon^{ijk}\boldsymbol{g}_i\boldsymbol{g}_j\boldsymbol{g}_k, \tag{23}$$

其中$\epsilon_{ijk}=[\boldsymbol{g}_i\boldsymbol{g}_j\boldsymbol{g}_k]=\sqrt{g}e_{ijk}$,而置换记号$e_{ijk}$(permutation symbol)或称Ricci符号定义为

$$e_{ijk}=\begin{cases}1, & i, j, k \text{ is even permutation}\\ -1, & i, j, k \text{ is odd permutation}\\ 0. & \text{other}\end{cases} \tag{A. 24}$$

例如

$$\begin{cases}\boldsymbol{e}_i\times\boldsymbol{e}_j=\boldsymbol{\epsilon}_{ijk}\boldsymbol{e}_k,\\ \boldsymbol{u}\times\boldsymbol{v}=\boldsymbol{\epsilon}_{rst}u_r v_s\boldsymbol{e}_k,\\ [\boldsymbol{uvw}]=[\boldsymbol{g}^i\boldsymbol{g}^j\boldsymbol{g}^k]u_i v_j w_k=\epsilon^{ijk}u_i v_j w_k=\epsilon_{ijk}u^i v^j w^k,\\ \det(a_{ij})_{3\times3}=e_{ijk}a_{i1}a_{j2}a_{k3}=e_{ijk}a_{1i}a_{2j}a_{3k}.\end{cases}$$

(5)Kronecker 符号与 Ricci 符号之间的关系

δ_j^i 作为单位矩阵的元素,其行列式等于 1.

$$\begin{vmatrix}\delta_1^1 & \delta_2^1 & \delta_3^1\\ \delta_1^2 & \delta_2^2 & \delta_3^2\\ \delta_1^3 & \delta_2^3 & \delta_3^3\end{vmatrix}=1.$$

若用更普遍的形式表示上面的行列式,则有

$$A=\begin{vmatrix}\delta_l^r & \delta_m^r & \delta_n^r\\ \delta_l^s & \delta_m^s & \delta_n^s\\ \delta_l^t & \delta_m^t & \delta_n^t\end{vmatrix}.$$

上式中若$r, s, t=l, m, n=1, 2, 3$,则$A=1$. 由于这些排列中的任意置换都改变行列式的符号,所以行列式A为

$$A=\begin{vmatrix}\delta_l^r & \delta_m^r & \delta_n^r\\ \delta_l^s & \delta_m^s & \delta_n^s\\ \delta_l^t & \delta_m^t & \delta_n^t\end{vmatrix}=e^{rst}e_{lmn}.$$

展开得

$$e^{rst}e_{lmn}=\delta_l^r\delta_m^s\delta_n^t-\delta_l^r\delta_n^s\delta_m^t+\delta_n^r\delta_l^s\delta_m^t-\delta_n^r\delta_m^s\delta_l^t+\delta_m^r\delta_n^s\delta_l^t-\delta_m^r\delta_l^s\delta_n^t \tag{25}$$

若令上式中的一个下标和一个上标相等,并利用关系式$\delta_j^i\delta_k^j=\delta_k^i$,可从上式导出下面的

关系式，称为 $e-\delta$ 等式

$$\begin{cases} e^{rst}e_{rmn}=\delta_r^r(\delta_m^s\delta_n^t-\delta_n^s\delta_m^t)+\delta_n^r(\delta_r^s\delta_m^t-\delta_m^s\delta_r^t)+\delta_m^r(\delta_n^s\delta_r^t-\delta_r^s\delta_n^t) \\ \qquad\qquad =\delta_m^s\delta_n^t-\delta_n^s\delta_m^t, \\ e^{rst}e_{rsn}=3\delta_n^t-\delta_n^s\delta_s^t=2\delta_n^t, \\ e^{rst}e_{rst}=2\delta_t^t=6. \end{cases} \tag{26}$$

2. 张量代数

(1) 向量加法

设有任意同阶向量 $\boldsymbol{a}$ 和 $\boldsymbol{b}$，定义向量加法和减法

$$\boldsymbol{c}=\boldsymbol{a}+\boldsymbol{b},\quad \boldsymbol{a}-\boldsymbol{b}\equiv\boldsymbol{a}+(-\boldsymbol{b}). \tag{27}$$

向量加法服从

$$\begin{cases} \boldsymbol{a}+\boldsymbol{b}=\boldsymbol{b}+\boldsymbol{a}, \\ \boldsymbol{a}+\boldsymbol{b}+\boldsymbol{c}=(\boldsymbol{a}+\boldsymbol{b})+\boldsymbol{c}=\boldsymbol{a}+(\boldsymbol{b}+\boldsymbol{c}). \end{cases} \tag{28}$$

(2) 数乘向量

向量 $\boldsymbol{a}$ 与标量 m 的乘积仍为一向量，记为 $m\boldsymbol{a}$，新向量的指向不变($m>0$) 或相反($m<0$)，而模为原向量模的 m 倍，即 $|m\boldsymbol{a}|=|m|\cdot|\boldsymbol{a}|$. 数乘向量满足

$$\begin{cases} m\boldsymbol{a}=\boldsymbol{a}m, \\ m(n\boldsymbol{a})=(mn)\boldsymbol{a}, \\ (m+n)\boldsymbol{a}=m\boldsymbol{a}+n\boldsymbol{a},\ m(\boldsymbol{a}+\boldsymbol{b})=m\boldsymbol{a}+m\boldsymbol{b}. \end{cases} \tag{29}$$

(3) 向量的内积(点积)

设有任意向量 $\boldsymbol{a}$，$\boldsymbol{b}$，它们在任意坐标系中的表示为

$$\boldsymbol{a}=a^i\boldsymbol{g}_i=a_i\boldsymbol{g}^i,\ \boldsymbol{b}=b^j\boldsymbol{g}_j=b_j\boldsymbol{g}^j.$$

它们的内积得到一个标量

$$\begin{aligned} \boldsymbol{a}\cdot\boldsymbol{b}&=a^i\boldsymbol{g}_i\cdot b^j\boldsymbol{g}_j=a^i\boldsymbol{g}_i\cdot b_j\boldsymbol{g}^j=a_i\boldsymbol{g}^i\cdot b^j\boldsymbol{g}_j=a_i\boldsymbol{g}^i\cdot b_j\boldsymbol{g}^j \\ &=a^ib^jg_{ij}=a_ib_jg_i^j=a_ib^jg_j^i=a_ib_jg^{ij}. \end{aligned} \tag{30}$$

(4) 向量的外积(叉积)

任给向量 $\boldsymbol{a}$，$\boldsymbol{b}$，它们的向量积为一个新向量

$$\boldsymbol{q}=\boldsymbol{a}\times\boldsymbol{b}=q_k\boldsymbol{g}^k=q^k\boldsymbol{g}_k.$$

显然它们之间有关系

$$\boldsymbol{q}=\boldsymbol{a}\times\boldsymbol{b}=a^i\boldsymbol{g}_i\times b^j\boldsymbol{g}_j=a^ib^j\boldsymbol{g}_i\times\boldsymbol{g}_j=a^ib^j_{ijk}\epsilon\boldsymbol{g}^k. \tag{31}$$

所以有

$$q_k=a^ib^j\epsilon_{ijk}, \tag{32}$$

类似地有

$$q^k=a_ib_j\epsilon^{ijk}. \tag{33}$$

(5) 向量的混合积

定义三个向量的混合积为

$$[\boldsymbol{abc}]=\boldsymbol{a}\times\boldsymbol{b}\cdot\boldsymbol{c}=\boldsymbol{a}\cdot\boldsymbol{b}\times\boldsymbol{c}.$$

运算的结果是一个标量，结果为

$$[\boldsymbol{abc}]=[(a^i\boldsymbol{g}_i)(b^j\boldsymbol{g}_j)(c^k\boldsymbol{g}_k)]=a^ib^jc^k[\boldsymbol{g}_i\boldsymbol{g}_j\boldsymbol{g}_k]=a^ib^jc^k\boldsymbol{\epsilon}_{ijk} \tag{34}$$

类似地，可以得到

$$[\boldsymbol{abc}]=a_ib_jc_k\epsilon^{ijk}. \tag{35}$$

还可以表为并矢形式

$$[\boldsymbol{abc}]=\boldsymbol{abc}\,\vdots\,=\boldsymbol{ab}:\boldsymbol{\epsilon}\cdot\boldsymbol{c}=\boldsymbol{a}\cdot\boldsymbol{\epsilon}:\boldsymbol{bc}.$$

(6) 三个向量的三重积

三个向量 $\boldsymbol{a}$，$\boldsymbol{b}$，$\boldsymbol{c}$ 的三重积又称双重向量积，它表示要继续进行两次向量积运算，其结果仍是一个向量，但必须区分$(\boldsymbol{a}\times\boldsymbol{b})\times\boldsymbol{c}$ 和 $\boldsymbol{a}\times(\boldsymbol{b}\times\boldsymbol{c})$. 连续利用向量积，有

$$\begin{cases}(\boldsymbol{a}\times\boldsymbol{b})\times\boldsymbol{c}=(\boldsymbol{ab}:\boldsymbol{\epsilon})\boldsymbol{c}:\boldsymbol{\epsilon}=(\boldsymbol{\epsilon}:\boldsymbol{ab})\boldsymbol{c}:\boldsymbol{\epsilon},\\ \boldsymbol{a}\times(\boldsymbol{b}\times\boldsymbol{c})=\boldsymbol{\epsilon}:\boldsymbol{a}(\boldsymbol{bc}:\boldsymbol{\epsilon})=\boldsymbol{a}(\boldsymbol{\epsilon}:\boldsymbol{bc}):\boldsymbol{\epsilon}.\end{cases} \tag{36}$$

如果在上式第一式中将向量与张量对基向量写成展开形式，则得

$$\begin{aligned}(\boldsymbol{a}\times\boldsymbol{b})\times\boldsymbol{c}&=(a_i\boldsymbol{g}^ib_j\boldsymbol{g}^j:{}^{lmn}\boldsymbol{g}_l\boldsymbol{g}_m\boldsymbol{g}_n)\boldsymbol{c}:\boldsymbol{\epsilon}\\&=a_ib_j\boldsymbol{\epsilon}^{ijn}\boldsymbol{g}_nc^k\boldsymbol{g}_k:\boldsymbol{\epsilon}_{rst}\boldsymbol{g}^r\boldsymbol{g}^s\boldsymbol{g}^t\\&=a_ib_jc^k\boldsymbol{\epsilon}^{ijn}\boldsymbol{\epsilon}_{nkt}\boldsymbol{g}^t.\end{aligned} \tag{37}$$

利用 $\boldsymbol{\epsilon}-\delta$ 等式，可进一步写成

$$\begin{aligned}(\boldsymbol{a}\times\boldsymbol{b})\times\boldsymbol{c}&=a_ib_jc^k(\delta^i_k\delta^j_t-\delta^i_t\delta^j_k)\boldsymbol{g}^t\\&=a_ib_jc^k\boldsymbol{g}^j-a_ib_jc^j\boldsymbol{g}^i.\end{aligned}$$

不难看出，这就是

$$(\boldsymbol{a}\times\boldsymbol{b})\times\boldsymbol{c}=(\boldsymbol{a}\cdot\boldsymbol{c})\boldsymbol{b}-(\boldsymbol{b}\cdot\boldsymbol{c})\boldsymbol{a}. \tag{38}$$

而对于 $\boldsymbol{a}\times(\boldsymbol{b}\times\boldsymbol{c})$ 的相应公式为

$$\boldsymbol{a}\times(\boldsymbol{b}\times\boldsymbol{c})=(\boldsymbol{a}\cdot\boldsymbol{c})\boldsymbol{b}-(\boldsymbol{a}\cdot\boldsymbol{b})\boldsymbol{c}. \tag{39}$$

(7) 张量点积、向量积及混合积

点积　设有张量

$$\boldsymbol{T}=T^{ij}_{kl}\boldsymbol{g}_i\boldsymbol{g}_j\boldsymbol{g}^k\boldsymbol{g}^l,\ \boldsymbol{S}=S^{rs}_{t}\boldsymbol{g}_r\boldsymbol{g}_s\boldsymbol{g}^t,$$

并乘得

$$\boldsymbol{TS}=T^{ij}_{kl}S^{rs}_{t}\boldsymbol{g}_i\boldsymbol{g}_j\boldsymbol{g}^k\boldsymbol{g}^l\boldsymbol{g}_r\boldsymbol{g}_s\boldsymbol{g}^t. \tag{40}$$

缩并一次降低 2 阶，得一个 5 阶张量，譬如将相邻两基向量缩并，则有

$$\begin{aligned}\overset{-\cdot-}{\boldsymbol{TS}}&=T^{ij}_{kl}S^{rs}_{t}\boldsymbol{g}_i\boldsymbol{g}_j\boldsymbol{g}^k\,\overset{\cdot}{\overbrace{\boldsymbol{g}^l\boldsymbol{g}_r}}\boldsymbol{g}_s\boldsymbol{g}^t\\&=T^{ij}_{kl}S^{rs}_{t}\delta^l_r\boldsymbol{g}_i\boldsymbol{g}_j\boldsymbol{g}^k\boldsymbol{g}_s\boldsymbol{g}^t\\&=T^{ij}_{kl}S^{ls}_{t}\boldsymbol{g}_i\boldsymbol{g}_j\boldsymbol{g}^k\boldsymbol{g}_s\boldsymbol{g}^t.\end{aligned} \tag{41}$$

如果将前张量的最后一个基向量与后张量的第一个基向量点积，这时可以把点号写在两张量之间

$$\begin{aligned}\boldsymbol{T}\cdot\boldsymbol{S}&=(T^{ij}_{kl}\boldsymbol{g}_i\boldsymbol{g}_j\boldsymbol{g}^k\boldsymbol{g}^l)\cdot(S^{rs}_{t}\boldsymbol{g}_r\boldsymbol{g}_s\boldsymbol{g}^t)\\&=T^{ij}_{kl}S^{rs}_{t}\delta^l_r\boldsymbol{g}_i\boldsymbol{g}_j\boldsymbol{g}^k\boldsymbol{g}_s\boldsymbol{g}^t)\\&=T^{ij}_{kl}S^{ls}_{t}\boldsymbol{g}_i\boldsymbol{g}_j\boldsymbol{g}^k\boldsymbol{g}_s\boldsymbol{g}^t)\\&=V^{ij\cdot\cdot s}_{\cdot\cdot k\cdot t}\boldsymbol{g}_i\boldsymbol{g}_j\boldsymbol{g}^k\boldsymbol{g}_s\boldsymbol{g}^t=\boldsymbol{V}.\end{aligned} \tag{42}$$

双点积　若在两个张量 $\boldsymbol{T}$ 和 $\boldsymbol{S}$ 并乘之后再进行两次缩并，则称为双点积，双点积有两种

并联式

$$\begin{aligned}\boldsymbol{W}=\boldsymbol{T}:\boldsymbol{S}&=(T^{ij}_{kl}\boldsymbol{g}_i\boldsymbol{g}_j\boldsymbol{g}^k\boldsymbol{g}^l):(S^{rs}_{t}\boldsymbol{g}_r\boldsymbol{g}_s\boldsymbol{g}^t)\\&=T^{ij}_{kl}S^{rs}_{t}\boldsymbol{g}_i\boldsymbol{g}_j(\boldsymbol{g}^k\cdot\boldsymbol{g}_r)(\boldsymbol{g}^l\cdot\boldsymbol{g}_s)\boldsymbol{g}^t\\&=T^{ij}_{kl}S^{rs}_{t}\delta^k_r\delta^l_s\boldsymbol{g}_i\boldsymbol{g}_j\boldsymbol{g}^t\\&=T^{ij}_{kl}S^{kl}_{t}\boldsymbol{g}_i\boldsymbol{g}_j\boldsymbol{g}^t\\&=\boldsymbol{W}^{ij}_{\cdot\cdot t}\boldsymbol{g}_i\boldsymbol{g}_j\boldsymbol{g}^t.\end{aligned} \tag{43}$$

串联式

$$\begin{aligned}\boldsymbol{U}=\boldsymbol{T}\cdot\cdot\boldsymbol{S}&=(T^{ij}_{kl}\boldsymbol{g}_i\boldsymbol{g}_j\boldsymbol{g}^k\boldsymbol{g}^l)\cdot\cdot(S^{rs}_{t}\boldsymbol{g}_r\boldsymbol{g}_s\boldsymbol{g}^t)\\&=T^{ij}_{kl}S^{rs}_{t}\boldsymbol{g}_i\boldsymbol{g}_j(\boldsymbol{g}^k\cdot(\boldsymbol{g}^l\cdot\boldsymbol{g}_r)\cdot\boldsymbol{g}_s)\boldsymbol{g}^t\\&=T^{ij}_{kl}S^{rs}_{t}\delta^l_r\boldsymbol{g}_i\boldsymbol{g}_j(\boldsymbol{g}^k\cdot\boldsymbol{g}_s)\boldsymbol{g}^t\\&=T^{ij}_{kl}S^{rs}_{t}\delta^l_r\delta^k_s\boldsymbol{g}_i\boldsymbol{g}_j\boldsymbol{g}^t\\&=T^{ij}_{kl}S^{lk}_{t}\boldsymbol{g}_i\boldsymbol{g}_j\boldsymbol{g}^t\end{aligned}$$

$$=U^{ij}{}_{\cdot\cdot t}\boldsymbol{g}_i\boldsymbol{g}_j\boldsymbol{g}^t. \tag{44}$$

以上两种双点积的结果 $\boldsymbol{W}$ 和 $\boldsymbol{U}$ 并不是同一个张量.

向量积 对于向量 $\boldsymbol{a}$ 和张量 $\boldsymbol{T}$ 定义如下两种向量积(为简单计，设 $\boldsymbol{T}$ 是二阶张量)

$$\begin{cases}\boldsymbol{a}\times\boldsymbol{T}=a_i\boldsymbol{g}^i\times T_{jk}\boldsymbol{g}^j\boldsymbol{g}^k=a_iT_{jk}\epsilon^{ijl}\boldsymbol{g}_l\boldsymbol{g}^k,\\ \boldsymbol{T}\times\boldsymbol{a}=T_{jk}\boldsymbol{g}^j\boldsymbol{g}^k\times a_i\boldsymbol{g}^i=a_iT_{jk}\epsilon^{ijl}\boldsymbol{g}^j\boldsymbol{g}^l.\end{cases} \tag{45}$$

同样可以定义张量与张量的向量积，混合积及双重向量积.

$$\boldsymbol{T}\times\boldsymbol{S}=T_{ij}\boldsymbol{g}^i\boldsymbol{g}^j\times S_{kl}\boldsymbol{g}^k\boldsymbol{g}^l=T_{ij}S_{kl}\boldsymbol{g}^i(\boldsymbol{g}^j\times\boldsymbol{g}^k)\boldsymbol{g}^l$$
$$=T_{ij}S_{kl}\epsilon^{jkm}\boldsymbol{g}^i\boldsymbol{g}_m\boldsymbol{g}^l,$$
$$\boldsymbol{T}\overset{\cdot}{\times}\boldsymbol{S}=T_{ij}\boldsymbol{g}^i\boldsymbol{g}^j\overset{\cdot}{\times}S_{kl}\boldsymbol{g}^k\boldsymbol{g}^l=T_{ij}S_{kl}(\boldsymbol{g}^i\cdot\boldsymbol{g}^k)(\boldsymbol{g}^j\times\boldsymbol{g}^l)$$
$$=T_{ij}S_{kl}g^{ik}\epsilon^{jlm}\boldsymbol{g}_m=T_{ij}S^i_{\cdot l}\epsilon^{jlm}\boldsymbol{g}_m,$$
$$\boldsymbol{T}\overset{\times}{\times}\boldsymbol{S}=T_{ij}\boldsymbol{g}^i\boldsymbol{g}^j\overset{\times}{\times}S_{kl}\boldsymbol{g}^k\boldsymbol{g}^l=T_{ij}S_{kl}(\boldsymbol{g}^i\times\boldsymbol{g}^k)(\boldsymbol{g}^j\times\boldsymbol{g}^l)$$
$$=T_{ij}S_{kl}\epsilon^{ikm}\boldsymbol{g}_m\epsilon^{jln}\boldsymbol{g}_m=T_{ij}S_{kl}\epsilon^{ikm}\epsilon^{jln}\boldsymbol{g}_m\boldsymbol{g}_m.$$

3.二阶张量

(1) 二阶张量及行列式

任一二阶张量 $\boldsymbol{T}$ 总可以写成下列并矢形式，这是具有不变性的形式

$$\boldsymbol{T}=T_{ij}\boldsymbol{g}^i\boldsymbol{g}^j=T_i^{\cdot j}\boldsymbol{g}^i\boldsymbol{g}_j=T^i_{\cdot j}\boldsymbol{g}_i\boldsymbol{g}^j=T^{ij}\boldsymbol{g}_i\boldsymbol{g}_j. \tag{46}$$

分量之间有关系

$$T_{ij}=T_i^{\cdot l}g_{lj}=g_{il}T^l_{\cdot j}=g_{il}T^{lm}g_{mj}.$$

显然对于式(46)的四种不同的形式，可将其表为矩阵形式，即

$$\det(T_{ij}),\quad \det(T_i^{\cdot j}),\quad \det(T^i_{\cdot j}),\quad \det(T^{ij}).$$

它们的值是不一样的.

(2) 二阶张量的转置张量

对式(46)中的张量 $\boldsymbol{T}$，其转置张量为

$$\boldsymbol{T}^{\mathrm{T}}=T^{\mathrm{T}}_{ij}\boldsymbol{g}^i\boldsymbol{g}^j=T^{\mathrm{T}}{}_i^{\cdot j}\boldsymbol{g}^i\boldsymbol{g}_j=T^{\mathrm{T}}{}^i_{\cdot j}\boldsymbol{g}_i\boldsymbol{g}^j=T^{\mathrm{T}ij}\boldsymbol{g}_i\boldsymbol{g}_j$$
$$=T_{ji}\boldsymbol{g}^i\boldsymbol{g}^j=T^j_{\cdot i}\boldsymbol{g}^i\boldsymbol{g}_j=T_j^{\cdot i}\boldsymbol{g}_i\boldsymbol{g}^j=T^{ji}\boldsymbol{g}_i\boldsymbol{g}_j. \tag{47}$$

亦可交换基向量的次序而定义为

$$\boldsymbol{T}^{\mathrm{T}}=T_{ij}\boldsymbol{g}^j\boldsymbol{g}^i=T_i^{\cdot j}\boldsymbol{g}^j\boldsymbol{g}_i=T^i_{\cdot j}\boldsymbol{g}_j\boldsymbol{g}^i=T^{ij}\boldsymbol{g}_j\boldsymbol{g}_i.$$

(3) 二阶张量的不变量

考虑二阶张量 $\boldsymbol{T}$ 的混合分量形式

$$\boldsymbol{T}=T^{i}_{\cdot j}\boldsymbol{g}_{i}\boldsymbol{g}^{j}.$$

式中基向量 $\boldsymbol{g}_i$，$\boldsymbol{g}^j$ 随坐标转换而改变，分量 $T^{i}_{\cdot j}$ 也按坐标转换关系作相应的改变，从而保证了张量 $\boldsymbol{T}$ 的不变性. 我们将不随坐标变换而改变的量，称为张量的不变量. 例如

$$\begin{cases}\mathrm{I}(\boldsymbol{T})=\boldsymbol{I}:\boldsymbol{T}=T^{m}_{\cdot m},\\ \mathrm{II}(\boldsymbol{T})=\dfrac{1}{2}\delta^{ip}_{jq}T^{j}_{\cdot i}T^{q}_{\cdot p}=\dfrac{1}{2}(\delta^{i}_{j}\delta^{p}_{q}-\delta^{i}_{q}\delta^{p}_{j})T^{j}_{\cdot i}T^{q}_{\cdot p}=\dfrac{1}{2}(T^{i}_{\cdot i}T^{p}_{\cdot p}-T^{p}_{\cdot i}T^{i}_{\cdot p})\\ \qquad=\dfrac{1}{2}g^{ji}g^{pq}(T_{ij}T_{pq}-T_{iq}T_{pj})=\dfrac{1}{2}g_{ji}g_{pq}(T^{ij}T^{pq}-T^{iq}T^{pj}),\\ \mathrm{III}(\boldsymbol{T})=\dfrac{1}{6}\delta^{ijk}_{lmn}T^{l}_{\cdot i}T^{m}_{\cdot j}T^{n}_{\cdot k}=\dfrac{1}{6}e^{ijk}e_{lmn}T^{l}_{\cdot i}T^{m}_{\cdot j}T^{n}_{\cdot k}=\dfrac{1}{6}e^{ijk}e_{lmn}\det\boldsymbol{T}=\det\boldsymbol{T}.\end{cases}\tag{48}$$

它们分别称为二阶张量 $\boldsymbol{T}$ 的主不变量.

除 $\mathrm{I}(\boldsymbol{T})$，$\mathrm{II}(\boldsymbol{T})$，$\mathrm{III}(\boldsymbol{T})$ 外，其他较重要的不变量是矩，它是二阶张量 $\boldsymbol{T}$ 与其自身点积的迹，定义

$$\begin{cases}\mathrm{I}^{*}(\boldsymbol{T})=\mathrm{tr}\boldsymbol{T}=T^{m}_{\cdot m},\\ \mathrm{II}^{*}(\boldsymbol{T})=\mathrm{tr}(\boldsymbol{T}\cdot\boldsymbol{T})=T^{i}_{\cdot j}T^{j}_{\cdot i},\\ \mathrm{III}^{*}(\boldsymbol{T})=\mathrm{tr}(\boldsymbol{T}\cdot\boldsymbol{T}\cdot\boldsymbol{T})=T^{i}_{\cdot j}T^{j}_{\cdot k}T^{k}_{\cdot i}.\end{cases}\tag{49}$$

二阶张量的矩 $\mathrm{I}^{*}(\boldsymbol{T})$，$\mathrm{II}^{*}(\boldsymbol{T})$，$\mathrm{III}^{*}(\boldsymbol{T})$ 相互独立，它们与 $\mathrm{I}(\boldsymbol{T})$，$\mathrm{II}(\boldsymbol{T})$，$\mathrm{III}(\boldsymbol{T})$ 不独立，有关系

$$\begin{cases}\mathrm{I}^{*}(\boldsymbol{T})=\mathrm{I}(\boldsymbol{T}),\\ \mathrm{II}^{*}(\boldsymbol{T})=(\mathrm{I}(\boldsymbol{T}))^{2}-2\,\mathrm{II}(\boldsymbol{T}),\\ \mathrm{III}^{*}(\boldsymbol{T})=3\,\mathrm{III}(\boldsymbol{T})+(\mathrm{I}(\boldsymbol{T}))^{2}-3\,\mathrm{I}(\boldsymbol{T})\,\mathrm{II}(\boldsymbol{T}).\end{cases}\tag{50}$$

以及

$$\begin{cases}\mathrm{I}(\boldsymbol{T})=\mathrm{I}^{*}(\boldsymbol{T}),\\ \mathrm{II}(\boldsymbol{T})=\dfrac{1}{2}[(\mathrm{I}^{*}(\boldsymbol{T}))^{2}-\mathrm{II}^{*}(\boldsymbol{T})],\\ \mathrm{III}(\boldsymbol{T})=\dfrac{1}{6}(\mathrm{I}^{*}(\boldsymbol{T}))^{3}-\dfrac{1}{2}\mathrm{I}^{*}(\boldsymbol{T})\,\mathrm{II}^{*}(\boldsymbol{T})+\dfrac{1}{3}\mathrm{III}^{*}(\boldsymbol{T}).\end{cases}\tag{51}$$

(4) 张量的谱形式、主分量

谱定理　令 $\boldsymbol{T}$ 是对称的，则对 V 存在标准正交基，全部由 $\boldsymbol{T}$ 的特征向量组成. 并且，

当对任一这种基 $\boldsymbol{e}_1$，$\boldsymbol{e}_2$，$\boldsymbol{e}_3$ 对应的特征值 λ_1，λ_2，λ_3 有序时($\lambda_1 \leqslant \lambda_2 \leqslant \lambda_3$)，形成 $\boldsymbol{T}$ 的全部谱，且

$$\boldsymbol{T} = \lambda_k \boldsymbol{e}_k \boldsymbol{e}_k. \tag{52}$$

相反，若 $\boldsymbol{T}$ 具有标准正交基$\{\boldsymbol{e}_k\}$的形式(52)，则 λ_1，λ_2，λ_3 是具对应特征向量 $\boldsymbol{e}_1$，$\boldsymbol{e}_2$，$\boldsymbol{e}_3$ 的特征值. 进一步

(1) 当且仅当 $\boldsymbol{T}$ 的特征空间式经过 $\boldsymbol{O}$ 的互相垂直的直线时，$\boldsymbol{T}$ 正好有三个不同的特征值；

(2) 当且仅当 $\boldsymbol{T}$ 容许有表示

$$\boldsymbol{T} = \lambda_1 \boldsymbol{ee} + \lambda_2 (\boldsymbol{I} - \boldsymbol{ee}), \quad |\boldsymbol{e}| = 1, \quad \lambda_1 \neq \lambda_2 \tag{53}$$

时，$\boldsymbol{T}$ 正好有两个不同的特征值.

在此情形中，λ_1 和 λ_2 是两个不同的特征值，且对应的特征空间分别是 $\mathrm{sp}\{\boldsymbol{e}\}$ 和 $\{\boldsymbol{e}\}^{\perp}$. 相反，若 $\mathrm{sp}\{\boldsymbol{e}\}$ 和$\{\boldsymbol{e}\}^{\perp}$ ($|\boldsymbol{e}| = 1$) 是 $\boldsymbol{T}$ 的特征空间，则 $\boldsymbol{T}$ 必有形式(53).

3. 当且仅当

$$\boldsymbol{T} = \lambda \boldsymbol{I} \tag{54}$$

时，$\boldsymbol{T}$ 正好有一个特征值.

在此情形中，λ 是 $\boldsymbol{T}$ 的特征值，且 V 是 $\boldsymbol{T}$ 对应于 λ 的特征空间. 相反，若 V 是 $\boldsymbol{T}$ 的特征空间，则 $\boldsymbol{T}$ 有形式(54).

$$\boldsymbol{T} \cdot \boldsymbol{e}_k = \lambda_k \boldsymbol{e}_k,$$

$$T^{m}_{\cdot k} \boldsymbol{e}_m = \lambda_k \boldsymbol{e}_k.$$

关系式(52)称为 $\boldsymbol{T}$ 的谱分解. 注意，由式(52)，关于以特征向量组成的基$\{\boldsymbol{e}_k\}$，$\boldsymbol{T}$ 的矩阵$[\boldsymbol{T}]$是对角线的

$$[\boldsymbol{T}] = \begin{bmatrix} \lambda_1 & & \\ & \lambda_2 & \\ & & \lambda_3 \end{bmatrix}.$$

4.对称二阶张量

(1) 实对称二阶张量的标准型，主坐标，主分量

一个对称二阶张量对应于一个二次型

$$\boldsymbol{x} \cdot \boldsymbol{T} \cdot \boldsymbol{x} = T_{ij} x^i x^j, \tag{55}$$

在解析几何中，上述二次型对应于一个二次曲面的方程

$$T_{ij}x^i x^j = \text{const.} \tag{56}$$

例如，对于度量张量，这个曲面方程为

$$g_{ij}x^i x^j = x_j x^j = \text{const.} \tag{57}$$

是一个球面方程，其中心在坐标原点. 在解析几何中已证明，一定可以通过坐标变换找到一个 Cartesian 坐标系 x_1，x_2，x_3，式(57) 代表的二次曲面化为标准型

$$T_1 x_1^2 + T_2 x_2^2 + T_3 x_3^2 = \text{const.} \tag{58}$$

此 Cartesian 坐标的坐标原点在二次曲面的中心，其方向是二次曲面的三个主轴方向，T_1，T_2，T_3 是二次曲面主轴的半长. 在此坐标系中，张量 $\boldsymbol{T}$ 的矩阵化为对角形

$$[\boldsymbol{T}] = \begin{bmatrix} T_1 & 0 & 0 \\ 0 & T_2 & 0 \\ 0 & 0 & T_3 \end{bmatrix}. \tag{59}$$

对于任意实对称二阶张量 $\boldsymbol{T}$，总可以找到一组 Cartesian 坐标，使 $\boldsymbol{T}$ 的矩阵化为对角标准型，这组 Cartesian 坐标称为主坐标，坐标轴的方向称为主轴方向(或主方向). 若主轴的基向量为 $\boldsymbol{e}_1$，$\boldsymbol{e}_2$，$\boldsymbol{e}_3$，则 $\boldsymbol{T}$ 在主坐标中的并矢展开式为

$$\boldsymbol{T} = T_1\boldsymbol{e}_1\boldsymbol{e}_1 + T_2\boldsymbol{e}_2\boldsymbol{e}_2 + T_3\boldsymbol{e}_3\boldsymbol{e}_3, \tag{60}$$

T_1，T_2，T_3 称为张量 $\boldsymbol{T}$ 的主分量.

(2) 二阶对称场量的特征方程、特征根和特征向量

为求任一张量 $\boldsymbol{T}$ 的主方向和主分量，下面将证明 $\boldsymbol{T}$ 的主分量是它所对应特征方程的根，而主方向则是相应的特征向量方向.

设向量 $\boldsymbol{n}$ 的方向为二阶张量 $\boldsymbol{T}$ 的主方向，则根据式(29)，当分别取 $\boldsymbol{n}$ 为平行于三个主方向的基向量 $\boldsymbol{e}_1$，$\boldsymbol{e}_2$，$\boldsymbol{e}_3$ 时，有

$$\boldsymbol{T}\cdot\boldsymbol{e}_1 = T_1\boldsymbol{e}_1,\ \boldsymbol{T}\cdot\boldsymbol{e}_2 = \boldsymbol{T}_2\boldsymbol{e}_2,\ \boldsymbol{T}\cdot\boldsymbol{e}_3 = T_3\boldsymbol{e}_3, \tag{61}$$

即沿张量 $\boldsymbol{T}$ 的主轴方向的向量 $\boldsymbol{n}$，经过 $\boldsymbol{T}$ 所代表的线性变换后，映射为沿其自身的方向且放大了 λ 倍的向量

$$\boldsymbol{T}\cdot\boldsymbol{n} = \lambda\boldsymbol{n}, \tag{62}$$

在任意给定的坐标系 x^i(称为原始坐标系) 中，上式的分量形式为

$$T^i_j n^j = \lambda n^i. \tag{63}$$

对于确定的坐标系，T^i_j 是确定的，求解方程(35)，就得到 n^i($i=1$，2，3) 的比值，即向量 $\boldsymbol{n}$ 的方向. 故可将求 $\boldsymbol{T}$ 的主方向的问题归结为求解方程(35) 的问题.

式(35) 可写作

$$(\lambda\delta^i_j - T^i_j)n^j = 0, \quad (i = 1, 2, 3) \tag{64}$$

其展开式为

$$(\lambda - T^1_1)n^1 - T^1_2 n^2 - T^1_3 n^3 - T^2_1 n^1 + (\lambda - T^2_2)n^2 - T^2_3 n^3 - T^3_1 n^1 - T^3_2 n^2 + (\lambda - T^3_3)n^3 = 0. \tag{65}$$

这是 $n^j(j=1, 2, 3)$ 的一组齐次线性代数方程组，它存在非零解的条件是其系数行列式为零，即

$$\det(\lambda\delta^i_j - T^i_j) = 0. \tag{66}$$

上式可利用的三个主不变量来表示

$$\lambda^3 - \mathrm{I}_T\lambda^2 + \mathrm{II}_T\lambda - \mathrm{III}_T = 0, \tag{67}$$

上式称为张量 $\boldsymbol{T}$ 的特征方程，相应的行列式 $\det(\boldsymbol{T} - \lambda\boldsymbol{I})$ 称为特征多项式.

(3) 反对称张量

若二阶张量 $\boldsymbol{T}$ 具有性质

$$\boldsymbol{T} = -\boldsymbol{T}^{\mathrm{T}}, \tag{68}$$

则它称为反对称张量，其对应的分量为

$$T_{ij} = -T_{ji}.$$

二阶反对称张量，只有三个不同的独立分量. 它相当于一个向量. 因此对于二阶反对称张量可以定义它的对偶向量，即:对任意二阶反对称张量 $\boldsymbol{T}$，总可以找到一个向量 $\boldsymbol{t}^A$，使得任意向量 $\boldsymbol{a}$ 在 $\boldsymbol{T}$ 作用下变换成 $\boldsymbol{t}^A \times \boldsymbol{a}$，亦即

$$\boldsymbol{T} \cdot \boldsymbol{a} = \boldsymbol{t}^A \times \boldsymbol{a}. \tag{69}$$

称向量 $\boldsymbol{t}^A$ 是二阶反对称张量 $\boldsymbol{T}$ 的对偶向量.

对偶向量 $\boldsymbol{t}^A$ 的分量可以用下列方法给出.

若把 $\boldsymbol{a}$ 考虑成单位基向量 $\boldsymbol{e}_j$，则由定义知

$$\boldsymbol{T} \cdot \boldsymbol{e}_j = \boldsymbol{t}^A \times \boldsymbol{e}_j,$$

又知

$$T_{ij} = \boldsymbol{e}_i \cdot \boldsymbol{T} \cdot \boldsymbol{e}_j,$$

则有

$$T_{ij} = \boldsymbol{e}_i \cdot (\boldsymbol{T} \cdot \boldsymbol{e}_j) = \boldsymbol{e}_i \cdot (\boldsymbol{t}^A \times \boldsymbol{e}_j) = \boldsymbol{t}^A \cdot (\boldsymbol{e}_j \times \boldsymbol{e}_i) = -\boldsymbol{t}^A \cdot (\boldsymbol{e}_i \times \boldsymbol{e}_j).$$

而

$$T_{ji} = \boldsymbol{e}_j \cdot (\boldsymbol{T} \cdot \boldsymbol{e}_i) = \boldsymbol{e}_j \cdot (\boldsymbol{t}^A \times \boldsymbol{e}_i) = \boldsymbol{t}^A \cdot (\boldsymbol{e}_j \times \boldsymbol{e}_i),$$

可见

$$T_{ij}=-T_{ji},$$

由此可见，二阶张量必须是反对称的. 于是

$$T_{32}=-T_{23}=\boldsymbol{e}_3\cdot\boldsymbol{T}\cdot\boldsymbol{e}_2=\boldsymbol{t}^A\cdot(\boldsymbol{e}_2\times\boldsymbol{e}_3)=\boldsymbol{t}^A\cdot\boldsymbol{e}_1=t_1{}^A.$$

同理可得

$$T_{13}=-T_{31}=\boldsymbol{e}_1\cdot\boldsymbol{T}\cdot\boldsymbol{e}_3=\boldsymbol{t}^A\cdot(\boldsymbol{e}_3\times\boldsymbol{e}_1)=\boldsymbol{t}^A\cdot\boldsymbol{e}_2=t_2{}^A,$$

$$T_{21}=-T_{12}=\boldsymbol{e}_2\cdot\boldsymbol{T}\cdot\boldsymbol{e}_1=\boldsymbol{t}^A\cdot(\boldsymbol{e}_1\times\boldsymbol{e}_2)=\boldsymbol{t}^A\cdot\boldsymbol{e}_3=t_3{}^A,$$

所以

$$\boldsymbol{t}^A=t_1{}^A\boldsymbol{e}_1+t_2{}^A\boldsymbol{e}_2+t_3{}^A\boldsymbol{e}_3=T_{32}\boldsymbol{e}_1+T_{13}\boldsymbol{e}_2+T_{21}\boldsymbol{e}_3=-(T_{23}\boldsymbol{e}_1+T_{31}\boldsymbol{e}_2+T_{12}\boldsymbol{e}_3).$$

如果采用置换符号 e_{ijk}，则可写成

$$2\boldsymbol{t}^A=-e_{ijk}T_{jk}\boldsymbol{e}_i \quad 或 \quad 2t_i{}^A\boldsymbol{e}_i=-e_{ijk}T_{jk}\boldsymbol{e}_i,$$

即

$$t_i{}^A=-\frac{1}{2}e_{ijk}T_{jk}. \tag{70}$$

在上式两边乘以 e_{imn}，则有

$$e_{imn}t_i{}^A=-\frac{1}{2}e_{imn}e_{ijk}T_{jk}=-\frac{1}{2}(\delta_{mj}\delta_{nk}-\delta_{mn}\delta_j)T_{jk}=-\frac{1}{2}(T_{mn}-T_{nm})=-T_{mn},$$

即

$$T_{mn}=-e_{imn}t_i{}^A.$$

任意一个二阶张量 $\boldsymbol{T}$ 总可以分解为一个对称张量和一个反对称张量之和，即

$$\boldsymbol{T}=\boldsymbol{T}^{\mathrm{s}}+\boldsymbol{T}^{\mathrm{A}}, \tag{71}$$

这里

$$\boldsymbol{T}^{\mathrm{s}}=\frac{1}{2}(\boldsymbol{T}+\boldsymbol{T}^{\mathrm{T}}) \quad (\boldsymbol{T}\text{ 的对称部分}), \tag{72}$$

$$\boldsymbol{T}^{\mathrm{A}}=\frac{1}{2}(\boldsymbol{T}-\boldsymbol{T}^{\mathrm{T}}) \quad (\boldsymbol{T}\text{ 的反称部分}). \tag{73}$$